Sabine Bruns

PHYSIO-RIDING

Müller Rüschlikon

Einbandgestaltung: Kornelia Erlewein

Titelbild: Sabine Bruns

Bildnachweis: Kerstin Diacont: Fotos S. 1, 3, 9, 10, 25, 26 unten, 32 unten, 33, 36, 38 rechts, 39, 72 unten, 95 unten, 98 links, 99, 104, 105, 107, 109, 120 (Archiv Diacont, Julia Jung), 125, 126 (Archiv Diacont, Christiane Gäbler), 127, 129, 131, 147, 148, 153 – Grafiken: S. 15, 16, 20, 22, 23, 24, 34, 35, 40, 100, 101, 102
Alle übringen Fotos stammen von PHYSIO-RIDING Team, Sabine Bruns

ISBN 978-3-275-01826-0

Postfach 103743, 70032 Stuttgart
Ein Unternehmen der Paul Pietsch Verlage GmbH & Co. KG
Lizenznehmer der Bucheli Verlags AG, Baarerstr. 43, CH-6304 Zug

1. Auflage 2012

Sie finden uns im Internet unter www.mueller-rueschlikon-verlag.de

Lektorat: Angela Saur
Innengestaltung: Kerstin Diacont
Druck und Bindung: Conzella, 85609 Aschheim-Dornach
Printed in Germany

SABINE BRUNS UND DAS KONZEPT »PHYSIO-RIDING«

Sabine Bruns

Sabine Bruns, Jahrgang 1962, reitet seit ihrem 13. Lebensjahr und hat viele unterschiedliche Pferde kennen gelernt und ausgebildet.

Nach dem Besuch des Gymnasiums in Bremen machte sie zunächst eine kaufmännische Ausbildung und arbeitete mehrere Jahre in verschiedenen Bereichen des Journalismus und als Dozentin in der Erwachsenenbildung. Dann reizte es sie, einen ganz neuen Beruf zu lernen. Sie absolvierte als eine der Ersten in Deutschland im Jahr 1998 eine Ausbildung zur Tierphysiotherapeutin.
Seitdem ist es ihr Herzensanliegen und ihre Berufung, Reitern zu erklären, warum so viele Reitpferde viel zu jung gesundheitliche Probleme bekommen. Hieraus entwickelte sich das patentrechtlich geschützte Konzept PHYSIO-RIDING.

Sabine Bruns hilft Reitern, zu verstehen und sensibler zu fühlen, wie sie die Biomechanik ihres Pferdes manipulieren, denn falsche Beeinflussung führt zu Muskelverspannungen, die wiederum Gelenkerkrankungen verursachen.

In den letzten Jahren hat sie mehrere Bücher veröffentlicht, eine Tiergesundheitszeitschrift gegründet, Vorträge gehalten und Seminare geleitet. Seit 2004 kann man in der von ihr mit gegründeten Akademie für Tierphysiotherapie HR auch die Ausbildung zum lizensierten PHYSIO-RIDING Coach absolvieren.

Das Konzept »PHYSIO-RIDING«

PHYSIO-RIDING ist die Symbiose aus Tierphysiotherapie und Reitlehre. PHYSIO-RIDING ist eine moderne und unabhängige Reitwissenschaft.
Seit über 100 Jahren werden Reitlehren geschrieben und Reitanfänger instruiert, wie sie sitzen und einwirken sollen. Manche Reiter lernen schnell, andere lernen es nie und gelten als nicht talentiert. Das Konzept PHYSIO-RIDING untersucht und erklärt zum ersten Mal die Zusammenhänge zwischen der Biomechanik des Pferdes und den Sitz- und Einwirkungsmöglichkeiten des Reiters so anschaulich, dass auch vermeintlich nicht talentierte Reiter verstehen, wie gutes Reiten möglich ist.
In diesem Buch erklärt Sabine Bruns Fühlerfahrungen, die jedem Reiter unabhängig von der Reitweise helfen, zum talentierten Reiter zu werden.

Zum Einstieg ein kleines persönliches Vorwort

Als Kind wollte ich reiten lernen, weil ich dachte, dass ein Pferd ein toller, starker, verlässlicher Freund sein würde. Als ich dann die ersten Reitstunden auf Schulpferden absolvieren durfte, musste ich lernen, dass das Pferd mein Feind ist, den ich dazu zwingen muss, meinem Willen zu folgen. Die meisten meiner LeserInnen haben die gleiche bittere Erfahrung gemacht und sind nun – oft viele Jahre später – auf der Suche nach dem »Freund« Pferd.

Meine Pferde sind inzwischen meine Freunde. Der Weg dorthin war lang und beinhaltete viele Kurven und Sackgassen. Ich habe viele Reitweisen ausprobiert, viele Lehrer gehört und viele Bücher gelesen und doch immer wieder die bittere Erfahrung gemacht, dass Theorie und Praxis meistens weit auseinander driften.

Dann absolvierte ich vor über zehn Jahren die Ausbildung zur Tierphysiotherapeutin und begann endlich zu verstehen, wie gutes und harmonisches Reiten möglich ist. Das Wissen um die Anatomie und Biomechanik, um Muskelfunktionen und Muskelsteuerung durch Instinkte und Denken zeigte mir auf, wie ich mit meinen Pferden umgehen muss, damit echte Harmonie und echtes Verständnis wachsen kann. Und die verblüffendste Erkenntnis dabei: **Reiten ist viel einfacher, als uns die alten Lehren vorgaukeln.**

Bevor es nun direkt und ohne weitere Umwege ins Buch geht, möchte ich Ihnen noch das »Du« anbieten. Lernen kann man – egal ob Mensch oder Pferd – am besten in entspannter und freundschaftlicher Atmosphäre, und da ist unser deutsches förmliches »Sie« nicht besonders gut geeignet.
Also, auf gute gemeinsame Erfahrungen: Ich bin die Sabine und wünsche dir mit den folgenden Übungen die gleichen schönen Aha-Erlebnisse, wie ich sie hatte. Ich freue mich über deine Rückmeldungen, Kritik und/oder Verbesserungsvorschläge!

Sabine Bruns

REITEN ALS WISSENSCHAFT

Reiter, Reitsportverbände und Turnierrichter beharren darauf, dass alte klassische Lehren unbedingte und unveränderbare Leitlinien sind. Reitlehrer unterrichten aber häufig nicht nach den Büchern, die eigentlich ihre Leitlinie sein sollten. Ausbilder reiten auch häufig nicht so, wie es in den Büchern steht.

Wenn ich in meiner Eigenschaft als Tierphysiotherapeutin Reiter frage, ob sie der Meinung sind, dass das, was ihr Reitlehrer im Unterricht lehrt, dem entspricht, was in der klassischen Reitlehre steht, lachen acht von zehn Reitern und sagen: »Nein, natürlich nicht!« Und viele fügen hinzu: »Wichtig ist doch das Endergebnis, erst dann muss

es so sein, wie es im Lehrbuch steht.« Theorie und Praxis klaffen häufig weit auseinander.
Ich kenne viele Reiter, die nicht vorschriftsmäßig und korrekt sitzen, aber zufriedene und gesunde Pferde haben. Ich kenne auch viele Reiter, die sehr korrekt sitzen, aber kein Pferd selber ausbilden könnten. Ich kenne viele gute Reiter, die selbst bestätigen, dass sie nicht so reiten, wie es in der Reitlehre steht, sondern sich nach ihrem eigenen Gefühl richten. Ich kenne viele Reiter, die sich nach Regeln von Lehrern richten und sich dabei ganz und gar nicht wohlfühlen. Sie tun es aber trotzdem, weil sie davon träumen, Ziele zu erreichen. Jede Menge Widersprüche. PHYSIO-RIDING als moderne Reitwissenschaft stellt sich diesen Fragen und Widersprüchen.

Pferde wurden in den vergangenen Jahrhunderten zur Arbeit gebraucht oder sie dienten beim Militär. Sie waren Transportmittel oder Waffe. Jede Ausbildung war auf diese Aufgaben ausgerichtet. Der Mensch bezeichnete bis ins 20. Jahrhundert hinein das Pferd als dumm und gefährlich. Unter Ausbildung verstand man Zähmung und Zwang zum mechanischen Gehorsam, zum zuverlässigen Funktionieren.
Erst als Motoren erfunden wurden und die Tätigkeiten des Pferdes im Alltag oder im Krieg übernahmen, begannen Menschen, nur noch zum Vergnügen zu reiten, und erst seitdem machen wir uns wirklich Gedanken darüber, was schönes und harmonisches Reiten ist oder sein könnte.

Wer heute die alten Lehren nutzen möchte, aber gleichzeitig die absolute Harmonie mit dem Pferd anstrebt, wird enttäuscht, denn ein Verhältnis von Freundschaft und Harmonie schließt die Forderung nach mechanischem Gehorsam aus.

Als mir das klar wurde, begann ich, nach neuen Wegen zu suchen und bezeichnete mich fortan als freie Reitwissenschaftlerin. Mit diesem Buch möchte ich alle Reiter aufrufen, nicht mehr Lehrern und Ausbildern – wie mit seelischen Scheuklappen ausgerüstet – kritiklos zu folgen, sondern selber immer wieder zu prüfen, ob sie auf einem Weg sind, der sich richtig anfühlt.

Werdet moderne Reitwissenschaftler!

Fragt nach!
Probiert aus!
Fühlt bewusst!

Geht keine Wege, die sich nicht gut anfühlen!

WAS IST GESUNDES REITEN?

1

Der Körper und seine Bewegungen werden vom Kopf gesteuert. Dabei gibt es zwei Kommunikationswege zwischen Kopf/Gehirn und Körper: der Verstand und die bewusste koordinierte Handlung sowie der Instinkt und die reflektorische Handlung.
Diese beiden Kommunikationswege funktionieren beim Menschen und beim Pferd. Der Instinkt und die reflektorischen Handlungen von Mensch und Pferd sind sich sehr ähnlich, das Denken und damit die Steuerung des bewussten Handelns von Mensch und Pferd ist unterschiedlich.

Viele Reitlehrer wollen uns weismachen, dass man besonders intelligent sein muss, um gut zu reiten. Das stimmt nicht, denn je einfacher der Mensch denkt, desto ähnlicher ist sein Denken dem Denken des Pferdes und desto besser verstehen sich beide. Um nun aber Missverständnissen vorzubeugen: Einfaches Denken heißt nicht wenig denken oder dumm sein. Es geht hier eher um klare Denkstrukturen.

Das Pferd ist der Meinung, dass wir genauso denken wie es selbst und dass unsere Instinkte ebenfalls genauso funktionieren wie bei ihm. Je mehr wir uns bemühen, dass das auch so ist, desto besser können wir mit unseren Pferden kommunizieren. Und die verständliche Kommunikation ist ja das A und O einer harmonischen und freundschaftlichen Beziehung.

1.1 Kommunikationsmittel

Zur Kommunikation gehören mehrere Elemente:

a) Das Sprechen/das Hören

Kommunikation über die Sprache funktioniert durch das Bilden von Silben und Worten, durch unterschiedliche Stimmlagen, durch unterschiedliche Lautstärke und durch unterschiedliche Betonung.

Bild 1-1-1
Wir Menschen können sinnvoll kommunizieren, ohne den Körper zu benutzen. Durch Unterschiede in der Lautstärke, Sprechgeschwindigkeit und Betonung drücken wir vor allem unsere Gefühle aus, die wir mit den jeweiligen Worten verbinden. So kann beispielsweise ein »Ja« sehr zögerlich und zweifelnd, sehr wütend oder auch sehr begeistert klingen, je nachdem, wie es ausgesprochen wird.

Bild 1-1-2
Trotzdem sprechen wir sehr häufig nicht nur mit Worten, sondern auch mit unserer Körpersprache, wie Christina und Claudia hier demonstrieren. Sofort wird die »Sprache« lebendiger. Während man auf dem oberen Bild nicht weiß, ob die beiden ein ernstes oder ein lustiges Gespräch führen, ob sie sich fremd sind oder gut kennen, ist dieses Bild schon viel aussagekräftiger, oder?

Bild 1-1-3
Es ist sogar möglich, dass Sprache erst eine Bedeutung bekommt, wenn der Körper mit

spricht, wie in diesem Beispiel: Christina sagt: »Geh dort hin.« Wenn sie nicht gleichzeitig mit dem Finger die Richtung zeigen würde, wüsste Claudia nicht, was gemeint ist.

1-1-3

1-1-4

1-1-5

b) Das Sehen

Kommunikation über den Sehsinn funktioniert durch Zeichen, die wir mit unseren Gliedmaßen formen (Gestik), durch die Mimik unseres Gesichtes und durch die Haltung und Bewegung unseres Körpers, die Körpersprache.

Bild 1-1-4
Auf diesem Bild verschränken die Gesprächspartner die Arme vor der Brust. Wirken sie so, als ob Freunde miteinander sprechen? Wirken sie so, als ob sie sich einig sind? Wirken sie so, als ob sie über etwas Lustiges sprechen? Schwer zu sagen, oder?
Eigentlich sagen unsere Instinkte durch diese Körperhaltung: »Bitte Distanz wahren – ich möchte dir nicht zu nahe kommen.« Andererseits scheinen sie sich aber angeregt zu unterhalten.
Für ein Tier, das auf die Körpersprache fixiert ist, wäre dieses Bild nicht gut zu verstehen. Einerseits zeigt es, dass zwei Menschen sich gegeneinander abgrenzen, andererseits stehen sie nah beieinander und sprechen mit freundlichen Mienen. Für ein Tier

ist das eher ein Widerspruch, es versteht die Menschen nicht.

Bild 1-1-5
Dieses Bild ist für Tiere und Menschen sehr gut zu verstehen. Claudia sagt: »Komm mir nicht zu nah« und Christina weicht sofort zurück. Jedes Tier und jeder Mensch können diese Körpersprache sprechen.

c) Das Fühlen

Auf dem Pferd brauchen wir zusätzlich das Kommunikationsmittel »Fühlen«.

1-1-6

Bild 1-1-6
Eine Situation, in der wir oft Fremde »befühlen«, ist der Handschlag. Hierbei erhalten wir eine Menge von Informationen über unser Gegenüber. Ein fester Händedruck erweckt Vertrauen.

Bild 1-1-7
Ein vorsichtiger, »lascher« Händedruck wird eher als unangenehm wahrgenommen. Außerdem registrieren wir, wie schnell oder langsam die Hand gegeben und wieder zurückgezogen wird, wie warm oder kalt die

1-1-7

Haut des anderen ist und ob es sich um die harte schwielige Hand eines Bauarbeiters handelt oder die weiche Haut eines »Schreibtischtäters«. Sehr viele Informationen, die wir in unserem Gedächtnis automatisch zu dem Gesicht, das wir sehen, abspeichern.

In unserer zwischenmenschlichen Kommunikation hat das Instrument »Fühlen« einen sehr niedrigen Stellenwert. Nur eng verbundene Menschen kommunizieren über Berührungen. Von fremden Menschen lassen wir uns nicht gerne anfassen.
Auch Pferde berühren sich nur gerne, wenn sie vertraut miteinander sind. Pferde, die sich nicht kennen, halten immer auch körperlich Abstand.
Während wir reiten, ist das Berühren und das Interpretieren von gefühlten Wahrnehmungen allerdings von großer Bedeutung und wir müssen es ausgiebig üben. Nicht nur wir, sondern auch das Pferd!

Das Kommunikationsmittel »Fühlen« kann nur funktionieren, wenn weder Pferd noch Mensch negative Berührungen und Körperkontakte erdulden. Positive Kommunikation über gegenseitige Wahrnehmungen durch Berührungen geht nur, wenn beide Partner sich dabei wohlfühlen.

1.2 Die Bewegungen des Körpers durch Muskeln

Wir Menschen denken immer, unser wichtigstes Kommunikationsmittel wäre die Stimme und das Formen von Worten. Das stimmt nicht. Unsere Körpersprache vermittelt dem Kommunikationspartner mindestens genauso viele Informationen wie unsere Stimme. Während wir uns zweckgebunden bewegen, sprechen wir gleichzeitig mit unserem Körper und geben Informationen an jeden ab, der uns gerade sieht.

Bilder 1-2-1 bis 1-2-5
Auf Seite 14 und 15 siehst du fünf Bilder von Christina. Auf den Bildern 1-2-1 bis 1-2-3 steht sie ruhig und zeigt uns verschiedene Stimmungen.

1-2-1: leicht zweifelnd. 1-2-2: stark zweifelnd, misstrauisch. 1-2-3: gelangweilt, uninteressiert.

Auf den Bildern 1-2-4 und 1-2-5 macht sie einen Freudensprung. Auf den ersten Blick ganz einfach zu erkennen. Doch es gibt in diesen Bildern noch eine Menge Einzelheiten, die sehr aussagekräftig sind, und die viel über Christinas Charakter preisgeben, wenn man die Körpersprache richtig liest. Da spielt es dann eine Rolle, wie weit Christina die Füße auseinander stellt, ob sie die Hände offen hält oder Fäuste macht, wie ihre Gesichtsmimik ist, ob sie wegschaut oder direkt, ob ihre Muskeln angespannt sind oder nicht ...

1-2-1

1-2-2

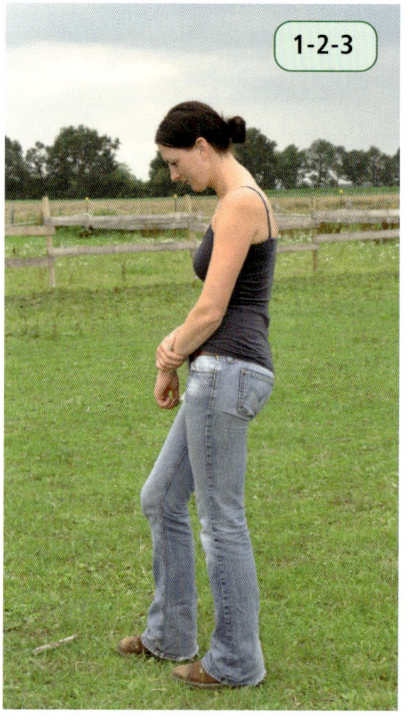
1-2-3

Für das Pferd sind alle Signale des Körpers relevant. Würde Christina diesen Freudensprung machen, ohne wirklich Freude zu empfinden, würden sie winzige Zeichen ihrer Körpersprache verraten. Das Pferd sieht diese Zeichen und würde ihr nicht glauben.

Körpersprache entsteht durch Muskelarbeit. Muskeln bestehen aus Muskelfasern, die wiederum aus kleinen Muskelzellen bestehen. Nervenbahnen führen von den Muskeln ins Rückenmark und ins Gehirn. Über diese Nervenbahnen kann der Muskel zwei Befehle bekommen: anspannen oder entspannen.

In der entspannten Muskelzelle befindet sich Blut, aus dem die Muskelzelle Energie gewinnt. Kommt der Befehl zum Anspannen, zieht sich jede einzelne Muskelzelle zusammen, es kommt zur Muskelkontraktion und das Blut aus den Zellen wir herausgepresst. Sobald der Befehl zum Entspannen kommt, kann frisches Blut in die Zellen eindringen und der Muskel bekommt neue Energie.

1-2-4

1-2-5

1-2-6

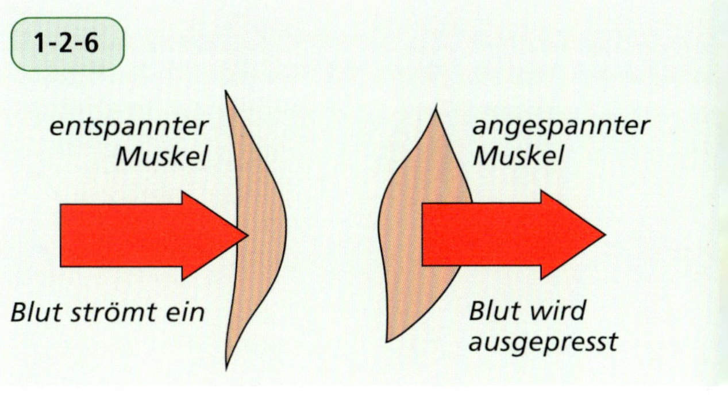

Bild 1-2-6
Muskeln bewegen Gelenke. Zu jedem Gelenk gibt es mindestens zwei Muskeln, die miteinander harmonieren müssen. Das heißt, wenn der eine Muskel anspannt, um das Gelenk zu beugen, muss der gegenüberliegende Muskel (der Gegenspieler) entspannen, um die Kontraktion des arbeitenden Muskels nicht zu behindern.
Der passive entspannte Muskel wird gedehnt, während der anspannende/arbeitende Muskel sich zusammenzieht (Muskelkontraktion). Auch während der passiven Dehnungsphase wird verbrauchtes Blut aus den Muskelzellen herausgepresst und in der nächsten Entspannungsphase kann neues Blut eindringen.

Bild 1-2-7 (Seite 16)
Diese Zusammenhänge sind ziemlich simpel und doch immens wichtig. Jeder Reiter sollte sie nicht nur kennen, sondern während des Reitens ständig daran denken.

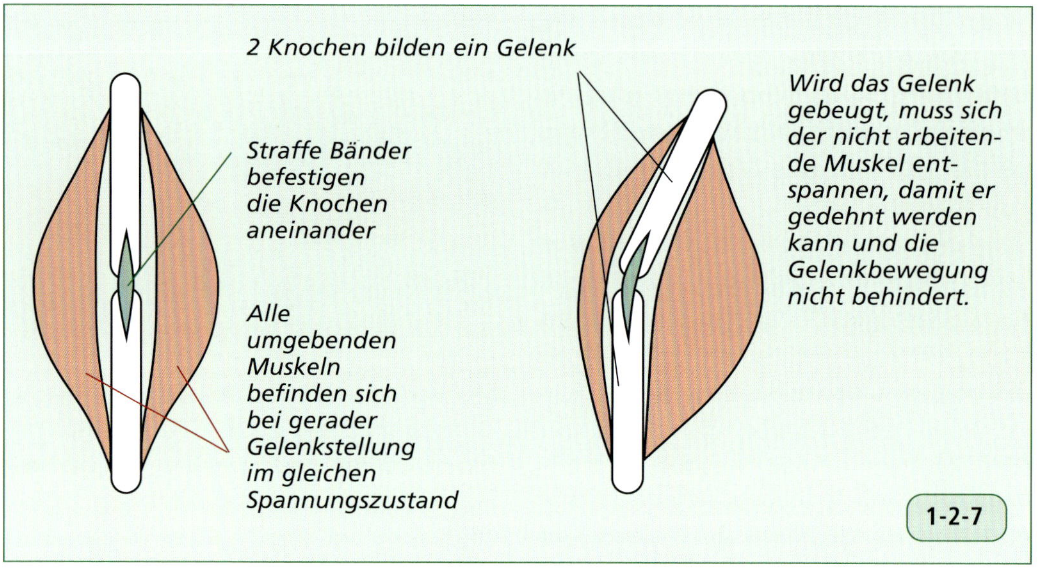

1-2-7

Ein Muskel kann nur gesund sein, wenn er ständig zwischen Anspannung und Entspannung wechseln kann. Sobald ein Muskel durch äußere Einflüsse am Entspannen gehindert wird, entstehen Schmerzen und gesundheitliche Probleme, die Bewegungen sind nicht mehr physiologisch im Gleichgewicht.

Sobald ein Reiter durch seine Einwirkung die Anspannung und Entspannung auch nur eines einzelnen Muskels des Pferdes behindert, bringt er das Pferd aus seinem physiologischen Gleichgewicht. Wie sich das auswirken kann, wissen die meisten durch eigene Erfahrungen. Hier ganz typische Beispiele, die viele von euch sicher kennen:

Bild 1-2-8
Claudia sitzt in unserem Seminarraum und liest. Sie lässt die Schultern hängen, dadurch werden die Schultermuskeln konstant gedehnt, die Versorgung mit frischem Blut ist nicht mehr optimal. Wenn Claudia lange in dieser Haltung sitzt, spürt sie dann beim Aufstehen sehr deutlich, wie die Muskeln über den Schulterblättern schmerzen und sie muss sich ordentlich recken, damit wieder frisches Blut in die Muskeln gepumpt wird.
Sitzt sie zu oft und zu lange ohne Pausen in dieser Haltung, verlieren die Muskeln an

1-2-8

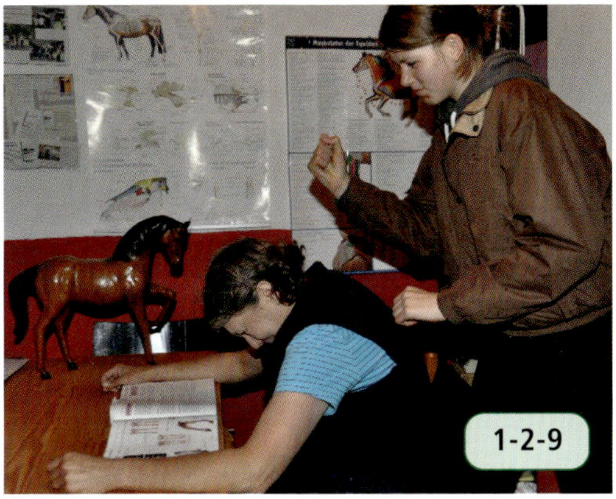

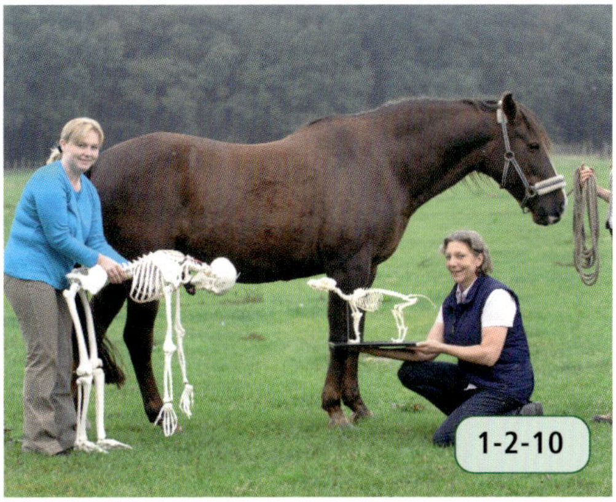

Kraft, es kommt zu einer dauernden Fehlhaltung, die dann Verspannungen der Halsmuskulatur und Wirbelsäulenerkrankungen zur Folge haben können.

Bild 1-2-9
Hier spielen Claudia und Isabell eine Situation scherzhaft nach, die bei vielen Menschen indirekt ungesunde Realität ist. Sie sitzen nicht entspannt am Schreibtisch, sondern fühlen sich bedroht, nicht unbedingt durch einen Menschen hinter ihnen, wohl aber durch die Anforderungen durch Vorgesetzte. Die körperliche Reaktion ist bei der indirekten Bedrohung genauso wie bei der hier nachgestellten direkten Bedrohung: Muskeln werden in Abwehrbereitschaft konstant angespannt, es fehlen die nötigen Entspannungsphasen für die Zufuhr frischen Blutes und Muskelverspannungen sind die Folge.

Bild 1-2-10
Alle Säugetiere sind sich anatomisch betrachtet sehr ähnlich. So haben Menschen, Hunde und Pferde fast den gleichen Kör-

perbau, wie hier Steffi, Claudia, Cornelia und Mogli demonstrieren. Der Unterschied ist nur die Körperhaltung.

Bild 1-2-11
Im Gegensatz zu Pferd und Hund haben wir Menschen uns im Laufe der Evolution aufgerichtet. Unser Becken wurde dabei zu-

1-2-12

sammen mit unserer Wirbelsäule um 90 Grad gedreht. Dadurch ist es möglich, dass wir ganz ohne Beteiligung unserer Bauchmuskeln gerade stehen können. Diesen Umstand nutzen wir gerne zur Faulheit: Wir benutzen unsere Bauchmuskeln zu wenig. Das muskuläre Gleichgewicht zwischen Bauch und Rücken ist nicht mehr ausgeglichen. Wir entwickeln ein Hohlkreuz und bekommen Rückenschmerzen.

Bild 1-2-12
Mogli, Isabell und ich stellen hier die Evolution im Zeitraffer dar.

Bild 1-2-13
Diese Übung eignet sich sehr gut, um sich die Funktion der Bauchmuskeln in der Bewegung des Vierfüßlers bewusst zu machen. Probiere es aus: Richte dich ganz langsam auf und achte darauf, wie sich deine Bauchmuskeln anfühlen.

Bild 1-2-14
Solange deine Knie gebeugt sind, arbeiten deine Bauchmuskeln, nicht wahr? Für ein Pferd ist es sehr aussagekräftig, ob der Mensch ihm gegenüber mit durchgedrückten Knien da steht. Viel mehr Stabilität und

Vertrauen erwecken Menschen, deren Knie bei jedem Schritt elastisch federn und die ihre Bauchmuskeln benutzen. Es geht hier um die Art der ganz feinen Körpersprache, die wir Menschen gar nicht mehr bewusst wahrnehmen, die aber für Tiere sehr aussagekräftig ist.

1-2-13

Menschen, die mit elastischen Knien durchs Leben gehen, sorgen dafür, dass die Bauchmuskeln aktiv bleiben und den Rücken beim Tragen der Eingeweide unterstützen. Die Wirbelsäule wird deutlich entlastet. Der Körper insgesamt ist viel stabiler und besser im Gleichgewicht.

Setze dich mal in aller Ruhe in ein Straßenkaffee und beobachte deine Mitmenschen. Personen, die leicht breitbeinig mit elastischen Bewegungen aus den Knien federnd durchs Leben gehen, wirken sympathisch und vertrauenerweckend, oder? (In meinen Seminaren sage ich immer gerne: »Geh wie John Wayne durchs Leben.« Früher haben das immer alle verstanden, heute muss ich manchmal erklären, wer John Wayne war. Daran merkt man, dass man älter wird ...). Beim Reiten spielen die Bauchmuskeln ebenfalls eine viel wichtigere Rolle, als die meisten Reiter meinen. Hierzu später mehr.

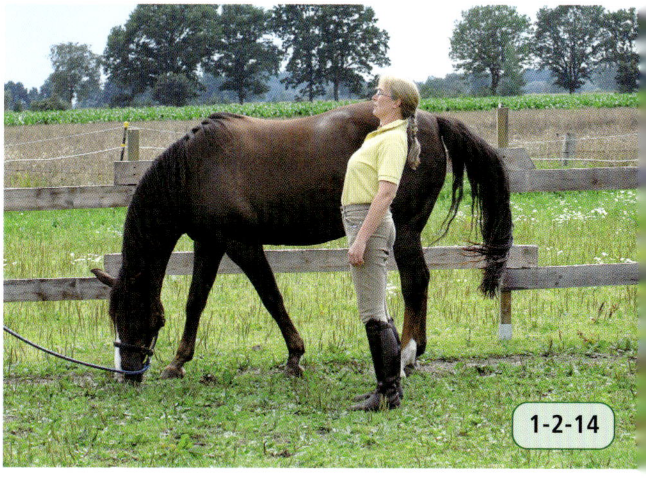

1-2-14

Merke dir zunächst vor allem zwei wichtige Erkenntnisse:

1. Das Pferd weiß nicht, dass wir Menschen mit unserem Körper nicht mehr im Gleichgewicht sind und unsere Körpersprache daher auch nicht mehr so gedeutet werden kann wie die eines Vierfüßlers.

2. Wir können auf dem Pferd und dem Pferd gegenüber (zum Beispiel während der Kommunikation mit Körpersprache bei der Bodenarbeit) nicht mehr effektiv mit unserem Körper kommunizieren, wenn unsere Muskeln nicht mehr physiologisch im Gleichgewicht arbeiten.

1.3 Instinktives Handeln

Instinktives Handeln wird nicht vom Verstand gesteuert, sondern von Gefühlen (siehe Grafik unten). Beim reflektorischen Handeln spielt das Gehirn keine Rolle. Ein Nerv nimmt einen Reiz wahr und sorgt umgehend für einen Befehl der Reaktion. Das Gehirn wird nicht befragt. Reflektorisches Handeln ist ein natürlicher und sehr wichtiger Schutz des Körpers.

Beispiele: Das Kind fasst auf die heiße Herdplatte und zieht sofort die Hand zurück, ohne dass im Gehirn ein Befehl dazu gegeben werden muss.
Anderes Beispiel: Ein Mensch mir gegenüber greift mich an, ich hebe automatisch die Hände, um mich zu schützen.
Oder: Ein Insekt fliegt auf mein Gesicht zu – ich schließe die Augen, ohne darüber nachzudenken.

Ein Mensch kann reflektorisches Handeln durch große Konzentration verhindern aber nur, wenn er den auslösenden Reiz erwartet. Diese Tatsache kann uns beim Umgang mit unseren Pferden sehr viel nützen.

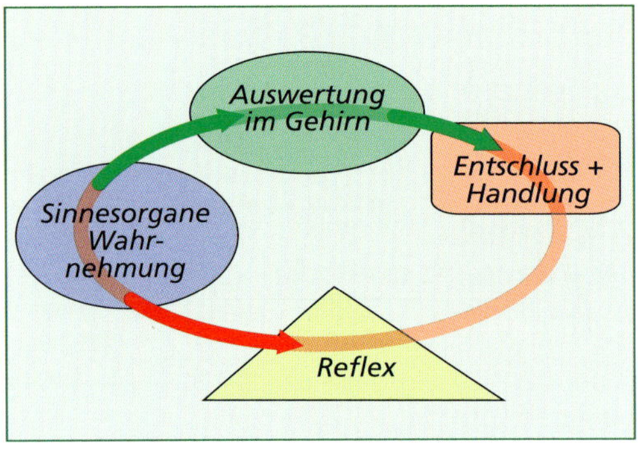

Bild 1-3-1
Hier denkt Claudia, dass ich ihr mit dem Kugelschreiber ins Auge stechen will und instinktiv – reflexgesteuert – kneift sie die Augen zusammen.

Bild 1-3-2
Wir wiederholen den Vorgang und ich sage: »Konzentriere dich darauf, die Augen offen zu halten.« Claudia behält nicht nur die Augen auf, sondern ihr Gesicht bleibt auch entspannt, weil sie nun nicht mehr vom Reflex, sondern vom Verstand gesteuert agiert.

Diese Zusammenhänge sind sehr wichtig für Reiter. Sobald Handlungen auf dem Pferd reflexgesteuert sind, werden auch große Muskelbereiche angespannt. Fast alle Schutzreflexe wirken nicht

nur auf einzelne Körperteile, sondern bewirken eine Schutzanspannung des ganzen Körpers.

Beim Reiten haben wir oft das Problem, dass unser Körper reflektorisch handelt, ohne dass uns das bewusst ist. Der reflektorische Körperschutz beinhaltet zum Beispiel folgende Bewegungen:

Bild 1-3-3
Hier zeigt Isabell den typischen von Angstreflexen gesteuerten Sitz des Reitanfängers: Anziehen und Zusammenpressen der Beine, Einziehen des Kopfes/Hochziehen der Schultern, Steifmachen/Anspannen einzelner Muskeln oder sogar des ganzen Körpers, um die Knochen vor Brüchen zu schützen. Viele Reiter fallen auch nach vielen Jahren Reiterfahrung in Stresssituationen auf dem Pferd sofort in diese alte Anfängerhaltung.

Bild 1-3-4
Das feste Schließen der Fäuste (sich festhalten wollen) ist auch so eine Reflexhandlung, auf die wir Reiter in Stresssituationen gerne zurückgreifen. Dieser Reflex ist besonders kontraproduktiv, weil das Pferd ihn im Maul sofort unangenehm zu spüren bekommt und sich ebenfalls reflektorisch in Abwehrspannung bringt.

Fast jeder Reiter kennt diese Schutzmechanismen, die ihn unbewusst immer wieder zu Sitzfehlern verleiten und oft sogar Schuld sind, wenn er dann in kritischen Situationen tatsächlich vom Pferd fällt. Hierdurch können verhängnisvolle Teufelskreise entstehen.
Das häufigste Beispiel: Ein Pferd scheut und macht einen Satz zur Seite. Der Mensch spannt als Reflex die Gesäßmuskeln an. Das Pferd erhält einen harten Schlag im Rücken durch den Zusammenprall

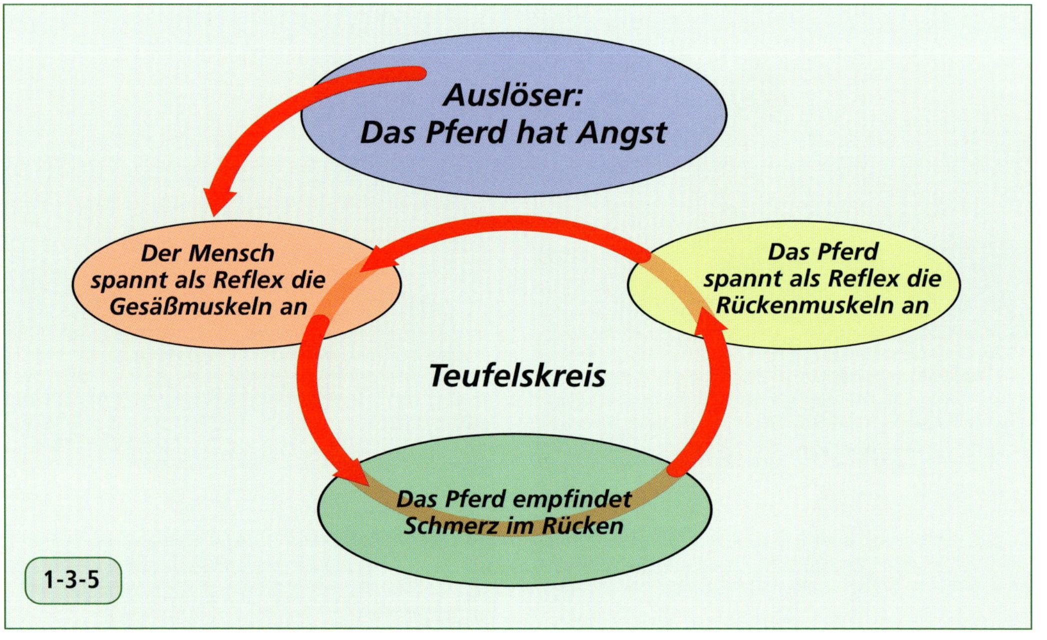

mit den angespannten Gesäßmuskeln des Menschen und spannt ebenfalls als Reflex die eigenen Rückenmuskeln an. Der Mensch wird aus dem Sattel katapultiert.

Sobald das nächste Mal eine Situation entsteht, in der das Pferd scheuen könnte, erinnern sich Mensch und Pferd an die letzte Situation dieser Art und den Schmerz im Rücken. Beide spannen die Muskeln an (das Pferd die Rückenmuskeln, der Mensch die Gesäßmuskeln) und der nächste Sturz ist vorprogrammiert.

Bild 1-3-5
Diese automatisch und unbewusst ausgeführten Bewegungen haben wir als Kinder gelernt. Diese Bewegungsmuster sind in unserem Gehirn verankert. Die gute Nachricht: Es gibt Möglichkeiten, diese Bewegungsmuster durch andere – bessere – zu ersetzen. Im weiteren Verlauf dieses Buches mehr dazu.

1.4 Bewusstes Handeln

Nervenleitungen in einen Muskel funktionieren wie Stromleitungen oder Bahngleise mit Weichen.

Bild 1-4-1
Es gibt nur eine Nervenleitung in einen Muskel. Entweder ist diese Nervenleitung damit beschäftigt, Instinkten und Reflexen zu folgen, dann ist für bewusstes Handeln die Leitung besetzt, oder es ist genau umgekehrt: Die Leitung zum Gehirn wird durch Informationen aus dem Bewusstsein genutzt, dann ist instinktives Handeln nicht mehr möglich.

Das Umschalten von der Verstandleitung zur Instinktleitung kann blitzschnell erfolgen, aber

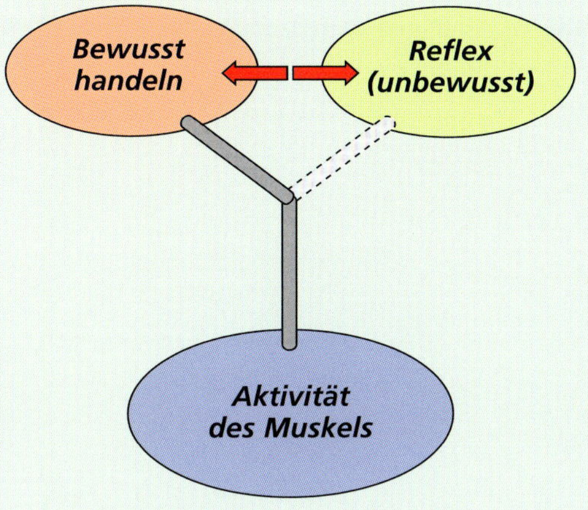

1-4-1

nur, wenn wir das zulassen. Oft ist es so, dass auch unser Denken (natürlich nur ganz im Geheimen ...) der Meinung ist, dass unsere Instinkte besser geeignet sind, die Situation zu meistern, und wir wollen gar nicht mehr denkend handeln, sondern überlassen uns den Instinkten. Das machen wir gerne in Situationen, die uns Angst machen. Dann verlassen wir uns auf Millionen Jahre alte Erfahrung.

Beim Reiten ist es sehr wichtig, sich nicht von seinen Instinkten leiten zu lassen.

Wir müssen lernen, beim Reiten in klaren Strukturen zu denken.

Je klarer strukturiert wir auf dem Pferd denken, desto mehr werden unsere Instinkte ausgeschaltet und desto besser verstehen wir uns mit unserem Pferd.

Das Pferd spürt, wenn in gefährlichen Situationen die Reflexe des Reiters nicht »anspringen«. Es folgert daraus, dass die Situation nicht besonders gefährlich ist und wird auch gelassen bleiben. Das funktioniert aber nur, wenn wir richtig denken!

Beispiel: Ich reite einen Weg entlang und ein Traktor kommt um die Ecke auf mich zu gefahren. Wenn ich konzentriert denke: »Ich will jetzt meine schrägen Bauchmuskeln arbeiten lassen und meinen langen Rückenmuskel entspannen, um mein Becken elastisch in alle Richtungen kippen zu können, damit ich sicher im Pferd sitze, falls es einen Satz zur Seite macht.«, dann kann ich das auch tun.

Wenn ich denke: »Oh je! Ein Trecker und mein Pferd hat Angst!«, werden meine Reflexe aktiv und das unbewusste Handeln setzt ein, denn der Körper muss sich schützen, wenn der Verstand ihm kein sinnvolles Verhalten befiehlt. Meine Rückenmuskeln werden verkrampfen und meinen Körper in Fluchtbereitschaft bringen – und ich werde garantiert schmerzhaft vom Pferd stürzen, wenn es denn zur Seite springt.

Das sicherste Merkmal für die körperliche Situation des Reiters ist der Gesichtsausdruck. Solange der Reiter freundlich und lässig guckt, ist er es auch. Probiere es aus: Stell dich vor einen Spiegel und mache ein fröhliches, entspanntes Gesicht und spanne gleichzeitig alle Muskeln deines Körpers an. Geht das? Nein.

Wer auf dem Pferd kein fröhliches und gelassenes Gesicht machen kann, wird auch seinem Pferd keine Selbstsicherheit und Angstfreiheit vermitteln können!

Auf dem Pferd kann man grundsätzlich nur Gedanken gebrauchen, die praktisch sind. Dann agiert und reagiert der Körper sinnvoll und das Pferd kann die Körpersprache des Reiters gut verstehen.

Situation	Klares Denken, das den Körper steuert	Abstraktes Denken, das reflektorisches Handeln auslöst
Das Pferd legt sich auf die Hand.	»Ich spiele mit dem Finger.«	»Der will nicht.«
Das Pferd spitzt die Ohren.	»Ich atme tief durch und bewege weich mein Becken in die Pferdebewegung.«	»Was hat er? Ist da was?«
Das Pferd wird schneller.	»Ich wölbe meine Lendenwirbelsäule auf.«	»Halt! Nicht so schnell!«

Beispiele für klares und abstraktes Denken.

Sobald der Reiter abstrakt denkt, agiert sein Körperinstinkt und er wird reflektorisch gesteuert. Das registriert sein Pferd und es wird auch seinen instinktiven Reflexen entsprechend reagieren. Das bedeutet dann zwangsläufig Flucht oder Kampf als Verteidigung.

Um auf dem Pferd gut denken zu können, muss man sich konzentrieren und gleichzeitig darf man nicht verkrampfen. Das einfachste Mittel zur Selbstkontrolle ist, immer laut auszusprechen, was man gerade tun will. Dann kann die Reflexleitung sich garantiert nicht dazwischenmogeln.

1.5 Erkenntnisse und Grundsätze für gutes Reiten

Während meiner Ausbildung und langjährigen Berufstätigkeit als Tierphysiotherapeutin habe ich gelernt: Es bestehen Wechselwirkungen zwischen Muskelzuständen, organischer Gesundheit und dem Denken gleichermaßen bei Pferd und Mensch. Der Bewegungsapparat und die Organe des Körpers agieren und reagieren im Wechsel mit dem Geist und den Gefühlen.

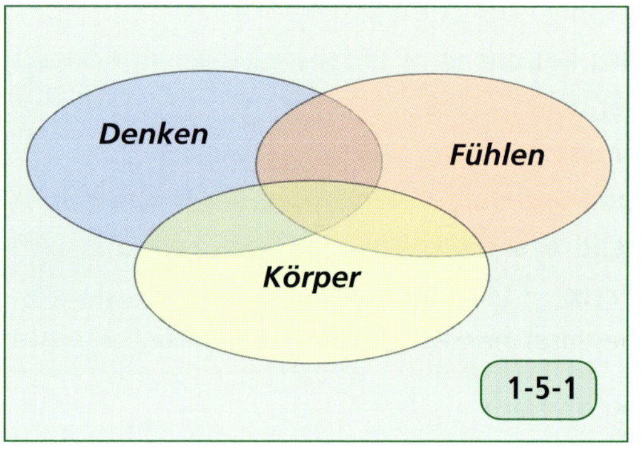

Ein ganz häufiges Beispiel: Ein Pferd hat Angst. Instinktiv spannt es die Bauchmuskeln an, um seine Eingeweide zu schützen. Der Darm wird in seiner Arbeit beeinträchtigt, das Pferd neigt zu Koliken.
Ein nicht so deutliches und trotzdem sehr häufiges Problem: Das Pferd hat Angst vor dem Reiter, es spannt die obere Schultermuskulatur an, dadurch kann die Schulter nicht mehr frei bewegt werden und das elastische Auffußen der Vordergliedmaßen wird behindert, die Hufrollen der Vorderbeine werden übermäßig belastet. Dies kann die Entstehung der chronischen Hufrollenentzündung fördern.

Im humanmedizinischen Bereich hat man erst in den letzten Jahren begonnen, die Zusammenhänge zwischen körperlicher Gesundheit und psychischem Wohlbefinden bzw. körperlicher Krankheit und unglücklichen Gefühlen zu untersuchen. Ein sehr spannendes Thema. Gefühle hängen mit Hormonen zusammen und Hormone steuern auch die Organe und Funktionen unseres Körpers. Wenn man so richtig glücklich ist, bekommt man nie die Grippe, ist dir das auch schon aufgefallen? Ich bin ganz sicher, auch unsere Pferde bleiben gesünder, wenn sie sich mit uns Menschen wohler fühlen.

Der optimale Zustand für das Pferd während des Reitens ist: Es muss sich unter dem Reiter wohlfühlen, damit es denken und bewusst handeln kann.
Der optimale Zustand für den Reiter während des Reitens ist: Er muss sich auf dem Pferd wohlfühlen, damit er denken und bewusst handeln kann.

1.6 Das visuelle Hilfsmittel der Funktionslinien

In diesem Buch geht es darum, dass Menschen mehr Verständnis dafür bekommen, wie der Körper des Pferdes funktioniert und wie das Pferd Einwirkungen durch den Menschen empfindet und versteht. Hierfür gebe ich dir vor allem Anleitungen zum Anfassen und zum Fühlen. Ein weiteres wichtiges Hilfsmittel zum Verstehen von Bewegungsabläufen ist aber auch das Sehen.
Um das Pferd in der Bewegung besser zu sehen, habe ich die PHYSIO-RIDING-Funktionslinien erfunden *(geschützt als eingetragenes Warenzeichen »Funktionslinien nach Bruns®« beim deutschen Patentamt).*

Eine Funktionslinie macht Körperbewegungen und Muskelarbeit sichtbar. Beim PHYSIO-RIDING filmen wir Pferde mit aufgeklebten Funktionslinien und können so Vergleiche anstellen und sehen, ob ein Pferd sich physiologisch im Gleichgewicht bewegt.
Ich klebe hierfür einfache Papieraufkleber als gestrichelte Linie aufs Pferd. Wenn sich das Pferd dann bewegt, verändern sich die Abstände zwischen den Papieraufklebern. Hierdurch kann man gut sehen, wie einzelnen Körperteile agieren.

Bilder 1-6-1 und 1-6-2 (Seite 26)
Auf diesen Bildern siehst du unseren Rudi. Wir haben ihm eine Funktionslinie aufgeklebt, die einer langen Muskelkette entspricht, die sich vom Hals bis in die Achillessehne des Pferdes zieht. Diese Muskelkette kannst du dir vorstellen wie ein Gummiband. Wenn das Pferd mit dem Hinterbein unter den Körper tritt, zieht es am Hals. Wenn das Pferd den Kopf senkt, zieht es an

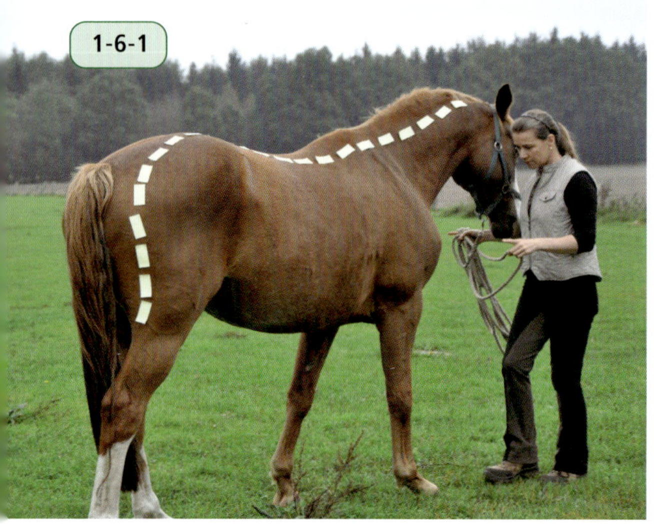

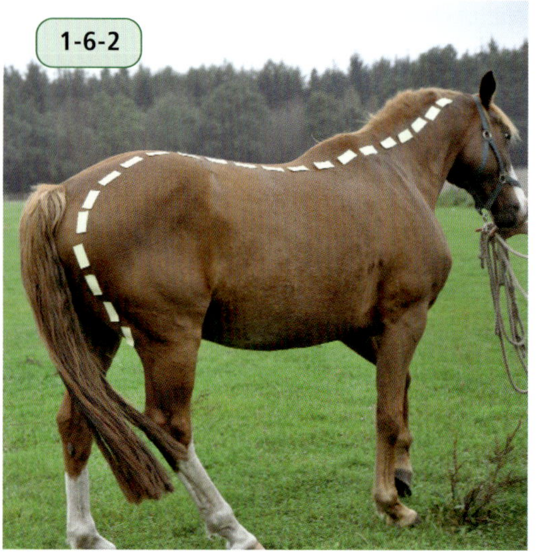

seinem Hinterbein. Vergleiche auf beiden Bildern die Stellung des rechten Hinterbeines. Erinnere dich während des Reitens an diese Funktionslinie und denke daran, dass das Hinterbein nicht unter den Körper treten kann, wenn das »Gummiband am Kopf zieht«.

Im weiteren Verlauf dieses Buches wirst du einige Funktionslinien kennen lernen und staunen, wie viel Bewegung sie sichtbar machen. Besonders interessant ist es natürlich, verschiedene Pferde mittels Funktionslinien zu vergleichen oder bei einem Pferd eine Funktionslinie zu vergleichen, wenn das Pferd unterschiedlichen Bedingungen ausgesetzt ist.

Eine Funktionslinie kann sich zum Beispiel unterschiedlich bewegen, je nachdem, ob:

- sich das Pferd draußen oder in der Halle bewegt.
- das Pferd aus der Box kommt oder von der Weide.
- das Pferd durch Zwangsmittel oder Gurte eingeschränkt wird.
- der Reiter auf dem Pferd sitzt.
- das Pferd gesund ist oder unter Muskelverspannungen leidet.
- das Pferd sich seiner Natur entsprechend gesund bewegt oder sich falsche Bewegungsmuster angewöhnt hat.

Natürlich ist es auch sehr interessant, Funktionslinien vor und nach einer guten Pferdemassage zu kleben.
Für uns Reiter sind Funktionslinien sehr hilfreich, wenn wir uns während des Reitens an die vorher betrachteten Funktionslinien erinnern. Wir können dann die Bewegungsabläufe im Pferdekörper besser fühlen, da wir das Gefühl mit unserer visuellen Wahrnehmung verknüpfen können.

1.7 Die Massage für den Sportler Pferd

Jeder Mensch, der einen Leistungssport betreibt, lässt sich physiotherapeutisch betreuen. Jedes Pferd, das einen Reiter trägt, ist ein Leistungssportler, denn der Körper des Pferdes ist nicht dafür gebaut, ein zusätzliches Gewicht zu tragen. Jede Belastung durch einen Reiter ist eine unnatürliche Mehrbelastung und der Reiter sollte sich verpflichtet fühlen, dieser Tatsache gerecht zu werden. In fast jedem der folgenden Kapitel gebe ich dir deshalb auch Massageanleitungen für dein Pferd mit auf euren zukünftigen gemeinsamen Weg.

1-7-1

Eine Sportmassage, wie wir sie in diesem Buch anwenden, hat vor allem folgende Wirkungen:

- Sie regt die Durchblutung an und ist deshalb eine gute Vorbereitung auf die folgende Bewegung während des Reitens.
- Sie vermittelt dem Pferd Fühlerlebnisse, die ihm helfen, sich auch unter dem Reiter physiologisch gesund zu bewegen.
- Sie wirkt nicht nur physisch, sondern auch psychisch und ist deshalb auch eine Maßnahme, um ein ausgeglichenes und nervenstarkes Pferd zu reiten.
- Sie beugt Schmerzen und Muskelzellwandrissen vor. Beides kann bei zu starker oder zu plötzlicher Dehnung während des Reitens entstehen und Muskelverspannungen zur Folge haben.

!

Sehr wichtig!

Die in diesem Buch vorgestellten Massageanleitungen sind ausschließlich für gesunde Pferde als Vorbereitung auf das Reiten gedacht. Sollte dein Pferd unter akuten oder chronischen Krankheiten leiden, sehr wenig Kondition haben oder sehr alt sein, müssen ein Tierphysiotherapeut und dein Tierarzt gemeinsam entscheiden, ob und wie das Pferd massiert werden darf.

Dein Pferd darf nicht massiert werden:

- *wenn es Medikamente bekommt,*
- *wenn es an einer akuten Entzündung leidet,*
- *wenn es herzkrank ist.*

1.7.1 Grundlegende Massageregeln

Einem Mensch kann man sagen: »Ich werde dich jetzt schön massieren. Leg dich hin, entspanne dich und genieße es.« Einem Pferd kann ich das zwar auch sagen, aber es wird nicht viel nützen. Einem Pferd muss ich zeigen, was ich einem Menschen sagen kann.

Wir wählen für die Massage einen ruhigen Ort, an dem sich das Pferd wohlfühlt. Wir haben Zeit und schauen nicht auf die Uhr. Wir konzentrieren uns auf die Massage und vergessen alle Alltagsgedanken.

Grundlage der in diesem Buch beschriebenen Massagetechniken ist die »klassische Massage«, wie sie seit Jahrhunderten in der Humanmedizin bekannt ist. Da wir jedoch nicht aus therapeutischen Gründen massieren, sondern zielgerichtet das Fühlerlebnis zwischen Reiter und Pferd positiv beeinflussen wollen, beschreibe ich hier nur bestimmte Griffe und Griffkombinationen, die ich im Alltag gerne so anwende. Dieses Kapitel ist nicht als ganzheitliche Massageanleitung zu verstehen.

Während der Massage solltest du jede Art von Schmuck ablegen, da das Metall bei Berührung mit dem Tierkörper die Massagewirkung beeinflusst. Außerdem kann man nicht massieren, wenn man lange Fingernägel hat.

1.7.2 Massagegriffe

Wir unterscheiden bei der Massage die verschiedenen Griffe vor allem deswegen, weil sie unterschiedlich wirken.

Bilder 1-7-2-1, 1-7-2-2, 1-7-2-3
Der wichtigste Massagegriff ist die Streichung. Man beginnt und beendet die Massage mit Streichungen und nach jedem

anderen Massagegriff werden Streichungen durchgeführt. Streichungen werden mit beiden Händen ausgeführt, wobei immer eine Hand am Pferd bleibt, während die andere Hand umgreift, wie Claudia auf diesen drei Bildern demonstriert.

Streichungen fördern den Flüssigkeitstransport im Körper und sorgen deshalb dafür, dass die Muskelzellen mit frischem, sauerstoffreichem Blut versorgt werden. Außerdem nehmen Pferde durch Streichungen auf einem Muskelbereich diesen besser wahr und fühlen selbst, wie dehnungs»fähig« ein Muskel ist und ob er entspannt ist oder vielleicht unbewusst angespannt wird. Auf großen Flächen kann man gut mit den geschlossenen Handflächen streichen, auf kleinen Flächen streicht man mit den Fingern.
Zusätzlich zu den Streichungen brauchen wir Massagegriffe, die Fasern auseinanderziehen und Muskeln dehnen und wir brauchen Massagegriffe, die das Zusammenziehen, das Anspannen eines Muskels simulieren.
In diesem Buch benutzen wir hierzu folgende Griffe aus der klassischen Massage:

1-7-2-4

1-7-2-5

Bild 1-7-2-4
Knetungen: Hierbei werden Muskeln umgriffen und dann vorsichtig geknetet. Es darf dabei kein schmerzhaftes Kneifen entstehen, sondern eher ein s-förmiges Verschieben des Muskelpaketes. Man kann einhändig Knetungen ausführen, wie Claudia hier am Arm-Kopf-Muskel demonstriert und ...

Bild 1-7-2-5
... man kann beidhändig Knetungen – wie hier am Mähnenkamm – ausführen. Wichtig ist, langsam und im immer gleichen Rhythmus zu massieren. Knetungen werden niemals so ausgeführt, dass Druck auf Knochen entstehen kann. Achtung! Niemals kneten, wenn das Pferd den zu behandelnden Muskel anspannt!

Bild 1-7-2-6 (Seite 30)
In Bereichen, die sich nicht zum Kneten eignen, kann man gut mit Drückungen massieren. Hierbei ist ganz besonders darauf zu achten, dass man nicht mit den Knöcheln,

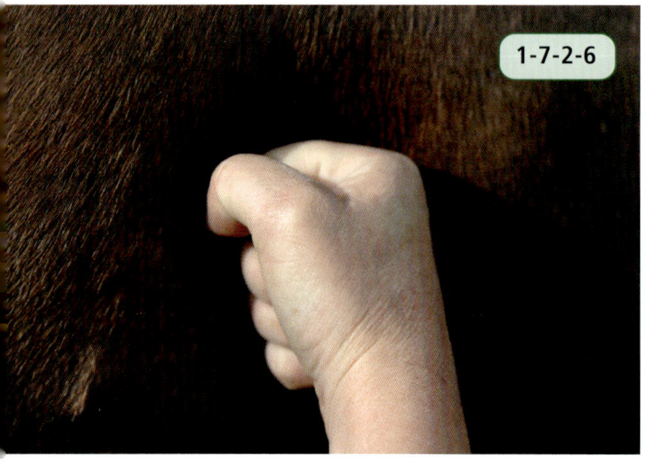

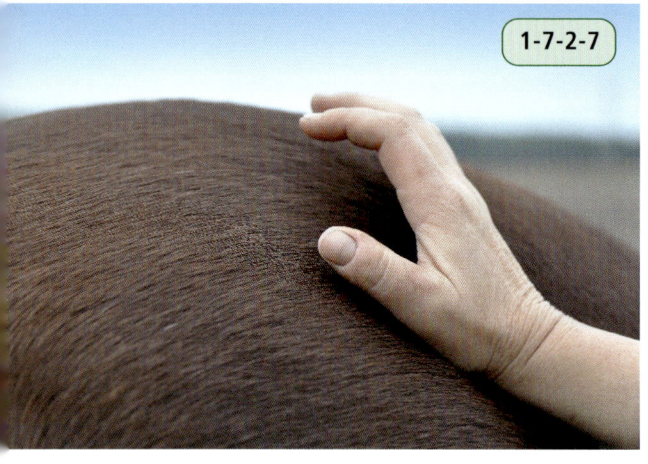

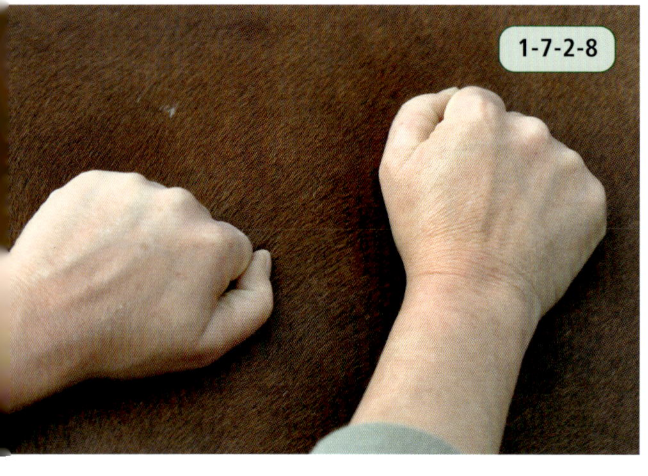

sondern nur mit den glatten Fingerrücken drückt. Auch dieser Griff wird rhythmisch durchgeführt, während die andere Hand locker auf dem Pferd liegen bleibt.

Bild 1-7-2-7
Auf Bereichen mit dünnen Muskelschichten auf Knochen wird nur sehr vorsichtig mittels Drückungen massiert. Hier kann man gut mit dem Handballen arbeiten. Achtung! Niemals drücken, wenn das Pferd den zu behandelnden Muskel anspannt!

Bild 1-7-2-8
Um dem Pferd bewusst zu machen, wie angenehm die Dehnung eines Muskels sein kann, benutzen wir den Hobelgriff. Hierbei »hobelt« man mit beiden Händen abwechselnd den Muskelbauch in Faserzugrichtung entlang. Diesen Griff mögen die Pferde sehr gerne, beispielsweise am Hals angewendet animiert er das Pferd zum Dehnen nach vorwärts-abwärts.

Bild 1-7-2-9
Auf dicken Muskelbereichen wie hier auf der Kruppe kann man gut Trommelungen ausführen. Hierbei trommelt man locker mit den geschlossenen Fäusten auf den Muskelbereich. Durch diesen Griff fühlen Pferde, wenn sie unbewusst Muskeln anspannen, und sie werden zum Entspannen animiert. Pferde lieben diese Trommelungen.

Bild 1-7-2-10
Wenn Trommelungen zu kräftig wirken würden, kann man zum Beispiel im Bereich

der Sattellage gut mit Hohlhandklopfungen arbeiten. Man formt hohle Hände und klopft rhythmisch abwechselnd locker auf den zu massierenden Muskelbereich. Auch diesen Massagegriff lieben die Pferde.

Bild 1-7-2-11
Hackungen eignen sich besonders gut, um die Durchblutung im zu behandelnden Bereich zu fördern. Hierbei wird wie bei den letzten beiden Griffen rhythmisch geklopft, doch statt Faust oder Hohlhand benutzt man hier die Handkanten. Dieser Griff ist ein schöner Abschluss, wenn man eine Warm-up-Massage vor dem Reiten ausführen möchte. Er macht locker und weckt gleichzeitig den Geist.

Bild 1-7-2-12 (Seite 32)
Ein sogenannter Nervenreizgriff ist der Harkengriff. Hierfür harken die Fingerspitzen des Masseurs mit kräftigem Druck und langen Zügen über den Muskelbauch. Auch dieser Griff sollte im Verlauf der Fasern angewendet werden und animiert zum entspannten Dehnenlassen des Muskels.

Außerdem benutzen wir das von mir so genannte »Fellkratzen« als nicht »echten« zusätzlichen Massagegriff.

Bild 1-7-2-13 (Seite 32)
Dieser Griff erinnert an das Fellkraulen der Pferde. Ich lege eine Hand auf (gerne im Bereich der Schulter direkt unter dem Widerrist) und kratze mit den Fingern mit gutem Druck auf der Stelle ohne meine Hand zu bewegen. Die Pferde lieben es und genie-

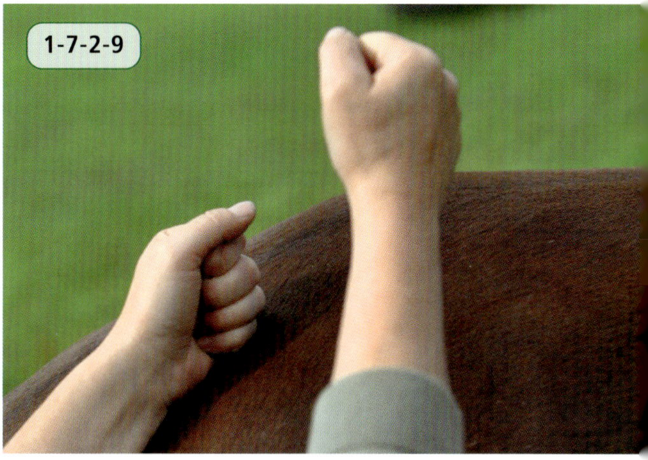

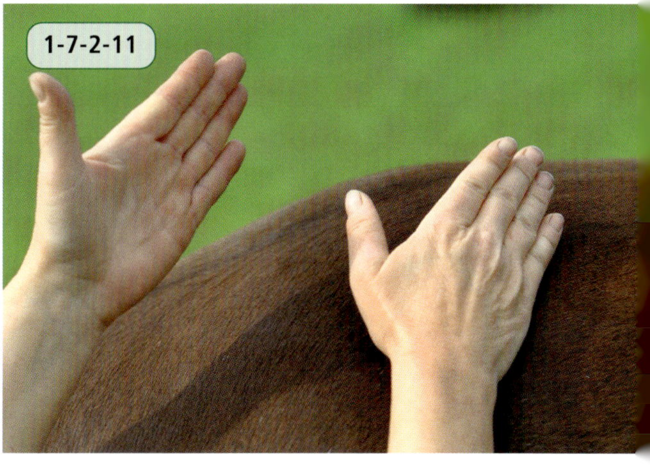

ßen mit »krauser Nase«. Dieser Griff hat vor allem einen psychologischen Effekt. Ich zeige dem Pferd, dass ich sein Freund bin.

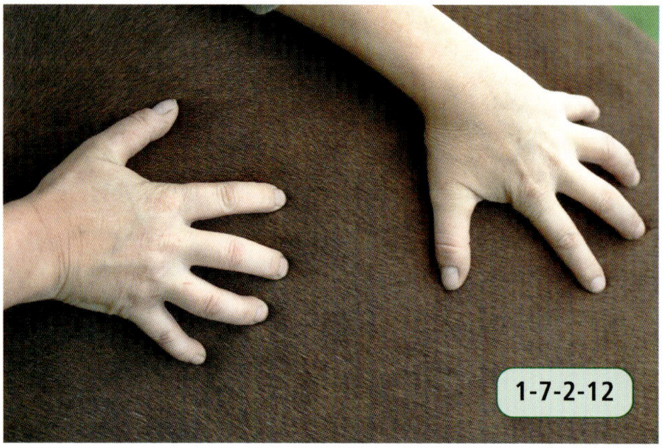

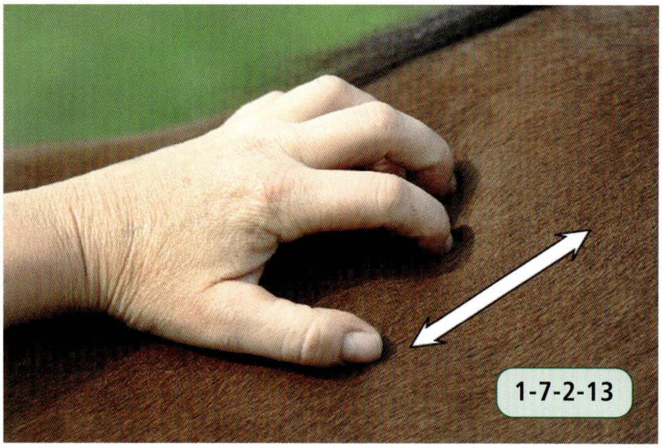

Wichtigste Regel für die Massagegriffe in diesem Buch:

Sobald ein Pferd während der Massage den Muskel unter meinen Fingern anspannt, muss ich als Masseur sofort den gerade ausgeführten Griff unterbrechen!

Wenn ich weiter massiere, obwohl das Pferd den Muskel anspannt, könnte ich Muskelfasern verletzen. Ich lasse einfach meine Hand weich liegen und warte, bis das Pferd den Muskel wieder entspannt und ich weiter massieren kann.

DER AUSBILDUNGSWEG

2

Bevor wir zum eigentlichen Sinn dieses Buches – mehr Verstehen durch mehr Fühlen – kommen, müssen wir noch einen grundlegenden Missstand in der modernen Ausbildung von Reitern und Pferden ansprechen.

Unsere Ausbildungsmethoden, egal ob beim Englischreiten, bei den unterschiedlichen Variationen des Arbeitsreitens (Western, Spanisch u. v. m.) oder bei allen anderen bekannten Reitweisen basieren immer noch auf alten Bedürfnissen und Kenntnissen, nämlich:

1. Reiter und Pferd sollen so schnell wie möglich im Alltag oder beim Militär bzw. im Krieg einsetzbar sein.

2. Das Pferd ist dumm und muss beherrscht werden, damit es gehorsam ist und nicht zur Gefahr für den Menschen wird.

Alle alten Reitlehren basieren auf den Grundgedanken, dass die Aktionen und Reaktionen des Pferdes unter dem Reiter ausschließlich vom Instinkt gesteuert und reflektorisch sind.
In unserer modernen Welt möchten wir ein schönes und freundschaftliches Verhältnis zum Pferd haben. Ich kann aber nicht das Pferd einerseits auf der Grundlage ausbilden, dass es dumm und gefährlich ist und andererseits ein schönes Verhältnis entwickeln. Missverständnisse sind vorprogrammiert.
Aus der Sicht des Tierphysiotherapeuten sollte die moderne Ausbildung des Pferdes auch auf neuen wissenschaftlichen Erkenntnissen basieren, nämlich:
1. Reiter und Pferde wollen ein schönes, harmonisches Verhältnis von Anfang an.
2. Pferde sind nicht dumm, sondern fähig zu kommunizieren. Nur wenn sie nicht mechanisch in Bewegungen und Körperhaltungen gezwungen werden, ist harmonisches und schönes Reiten möglich.

Ebenso wie beim Menschen ist auch beim Pferd zwischen instinktivem, reflektorischem Handeln und vom Denken gesteuertem Handeln zu unterscheiden. Eine moderne Reitlehre sollte immer versuchen, das vom Denken gesteuerte Handeln zu fördern, damit Mensch und Pferd kommunizieren können!

Der gesunde Ausbildungsweg für das Pferd sollte so aussehen, wie in der nebenstehenden Grafik bezeichnet:

5 **Schwung und Raumgriff entwickeln**

4 **Versammlung**
Lernen, sich unter dem Reiter auszubalancieren. (Die Versammlung immer wieder herstellen können.)

3 **Gerade richten und Hinterhand trainieren**
Das »Geraderichten« und die tragende Hinterhand in der Versammlung nicht als Ergebnis der Ausbildung, sondern als Basis durch das Reiten von Seitengängen.

2 **Gezielter Muskelaufbau**
durch Bodenarbeit und tierphysiotherapeutische Übungen als Vorbereitung auf das Tragen des Reitergewichtes

1 **Kommunizieren mit dem Menschen**
lernen (Bodenarbeit, freie Arbeit, moderne Techniken wie z.B. das Clickertraining nutzen.)

Ein weiterer großer Missstand in der herkömmlichen Ausbildung ist, dass der Reiter ohne vorherige Vorbereitung auf ein Pferd gesetzt wird und ab der ersten Reitstunde nach dem Motto »Learning by doing« agiert. Der Reitanfänger sollte nicht einfach so aufs Pferd gesetzt werden, sondern vor dem ersten Aufsitzen ausführlichen Theorieunterricht absolvieren und die Anforderungen an seinen eigenen Körper kennen lernen. Der Reiter sollte den eigenen Körper gezielt auf das Reiten

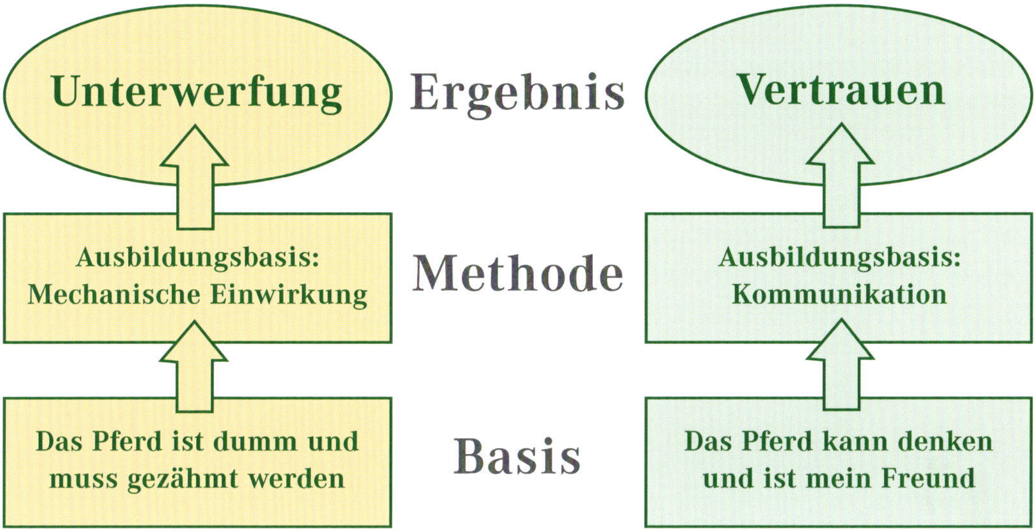

vorbereiten, bevor er das erste Mal ein Pferd besteigt.

Die Übungen in diesem Buch sollen dazu beitragen, dass Missverständnisse aus dem Weg geräumt werden können. Hierbei ist jedoch unbedingt zu beachten, dass ich mich als Reiter entscheiden muss, ob ich den alten Wegen (Bild oben links) oder den neuen modernen Methoden (Bild oben rechts) folgen will.

Wenn ich der modernen Version folge, dass mein Pferd denken und kommunizieren kann, ist es kaum möglich, nach Regeln und Methoden und mit den Ausrüstungsgegenständen der alten Lehren zu hantieren, die alle darauf basieren, dass das Pferd nicht denken und kommunizieren kann.

Viele Reiter wollen alte und neue Methoden zusammenfügen und laufen dabei auf der Stelle wie der Hamster im Rad. Stell dir vor, du hast einen Hund. Am einen Tag bringst du ihm bei, dem Stimmkommando »sitz!« zu folgen, am anderen Tag redest du nicht mit ihm, sondern zwingst ihn durch Druck mit der Hand in die sitzende Stellung. Das wäre für das Tier nur verwirrend.

Genauso würde es dem Pferd gehen, wenn du an einem Tag übst, dass es freiwillig und selbstständig nach einem Stimmkommando antrabt und am anderen Tag redest du nicht, sondern bohrst mit den Absätzen oder Sporen in den Bauchmuskeln herum.

2.1 Psychologischer Druck statt mechanischer Gewalt?

Auf der Suche nach einer harmonischen Verständigung und einem freundschaftlichen Umgang von Reitern und ihren Pferden entstehen auch manchmal Wege, die funktionieren, aber trotzdem nicht gesund sind. Als Reitschüler auf der Suche nach einem neuen Lehrer merkt man das am Anfang nicht unbedingt.

Als Reiter sollte man deshalb bei jeder Ausbildungsmethode und Lehre immer darüber

nachdenken, wie man selber diese Methode empfinden würde, wenn man ihr ausgesetzt wäre.

Wenn ich eine Tierausbildung plane, bei der das Tier selber denken soll, muss ich zwei mögliche Methoden unterscheiden. Methode A ist, das Pferd mit Unangenehmem zu konfrontieren, um dann, sobald es das gewünschte Verhalten zeigt, das Unangenehme zu beenden. Sollte das Pferd nicht reagieren, wird das unangenehme Gefühl so lange verstärkt, bis eine Reaktion kommt.

Die andere Vorgehensweise, Methode B, ist, unerwünschtes Verhalten einfach nicht zu beachten und erwünschtes Verhalten ausgiebig und deutlich zu belohnen, so dass das Pferd selber bestrebt ist, immer so zu agieren, dass der Mensch sich freut und mit Belohnungen nicht geizt. Das Clickertraining beispielsweise basiert auf dieser Ausbildungsphilosophie.

Wenn ich meine Ausbildung auf die Methode A beschränke, kann es sein, dass ich mein Pferd körperlich krank mache, da der psychische Druck massiv ansteigen kann. Oft wirken Methoden, die mit unangenehmen Gefühlen arbeiten, auf den ersten Blick recht harmlos, doch man erschrickt, wenn man mal genauer hinschaut.

Schön wäre es, wenn man nur mit Methode B auskommen könnte, denn hierbei hat das Pferd nie ein negatives Gefühl oder Angst. Ob das aber immer zuverlässig funktioniert, kann man nicht garantieren. Es kann Grenzsituationen geben, die nicht nur durch positive Methoden bestimmbar sind, wie zum Beispiel die Behandlung durch einen Tierarzt, die evtl. unangenehm ist und trotzdem vom Pferd ausgehalten werden muss. Oder das Pferd muss auf einen Anhänger gehen, auch wenn die Situation kritisch ist (z. B. nach Unfall im Straßenverkehr, als krankes Pferd, das in eine Tierklinik gebracht werden muss). Es ist also durchaus möglich, dass ich von meinem Pferd situationsbedingt Gehorsam fordern muss. Trotzdem muss ich diese Art von Gehorsam nicht extra üben, denn wir beobachten in der Regel:

Ist das Pferd mit körperlichem oder psychischem Druck erzogen worden, wird es im Ernstfall eher vor dem Menschen fliehen. Hat das Pferd zum Menschen eine grundlegend positive Einstellung, da die Ausbildung ausschließlich auf Kommunikation und Lob basiert, wird das Pferd im Ernstfall die Nähe zu seinem Menschen suchen und ihm gerne folgen, da es sich bei seinem Menschen immer sicher fühlen konnte.

Und um Missverständnissen vorzubeugen: Ein Pferd ohne Strafen und unangenehme Gefühle auszubilden heißt nicht, dass das Pferd vollkommen antiautoritär erzogen wird. Gegenseitiger Respekt zwischen Mensch und Pferd im Umgang ist selbstverständlich.

Wenn junge Pferde ihre Kräfte ausprobieren und beißen, schlagen oder den Menschen anrempeln,

darf der Mensch sich das nicht gefallen lassen, sondern muss vom Pferd den Respekt fordern, den auch jedes andere Pferd in der Herde fordert. Es ist aber ein sehr wichtiger Unterschied, ob mein Pferd »Benehmen und Respekt« lernt oder ob ich es unter Zwang und mit Strafandrohungen ausbilde. Wichtigste Grundregel, die jeder Reiter kennen sollte, ist aber:

Muskelverspannungen entstehen nicht nur durch ungesunde Bewegungen oder körperliche Überforderung. Muskelverspannungen entstehen auch, wenn Pferde »seelisch« anspannen, weil sie psychisch unter Druck stehen, also negativem Stress ausgesetzt sind, ohne fliehen zu können.

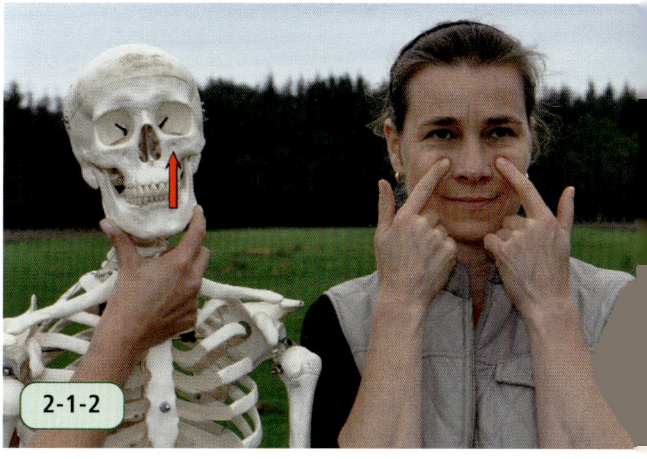

Zwei Beispiele:

Bild 2-1-1

Im Schädel befinden sich an mehreren Stellen kleine Löcher, durch die Nerven und Gefäße nach außen gelangen, um die Gesichtsmuskeln und die Haut zu versorgen. Der rote Pfeil zeigt auf solch ein sogenanntes Foramen. Der blaue Punkt auf dem Pferdekopf zeigt die Lage dieses Loches am Pferd. In der Umgebung eines Foramens verlaufen Nerven dicht unter der Haut. Die Bereiche rund um ein Foramen sind deshalb sehr empfindlich. Wenn Nasenriemen oder Knotenhalfter in der Nähe von einem – oder sogar direkt auf einem – Foramen liegen, wirken sie direkt auf Nerven und verursachen unangenehmes Kribbeln, Schmerzen und sogar Taubheitsgefühle.

Bild 2-1-2

Auch der Mensch hat solche Foramen direkt unter den Augen (roter Pfeil). Mach es einmal wie Cornelia und betaste dein Gesicht. Dann kannst du dir vorstellen, wie unangenehm es auch für ein Pferd ist, wenn während des Reitens oder der Bodenarbeit hier Druck entsteht.

Bild 2-1-3

Das zweite Beispiel: Den wenigsten Reitern ist bewusst, wie sehr man mit einer Kandare physisch und psychisch massiven Druck ausübt. Mach einfach mal diesen Versuch nach, den Claudia und ich hier zeigen. Das Genickstück auf meiner Hand (roter Pfeil) drückt massiv, sobald Claudia den Hebel »betätigt« (gelber Pfeil). Je dünner dann noch das Gebissstück ist (Westernkandaren), desto mehr wird das Pferd unter Druck gesetzt. Auch wenn man mit sehr feinfühliger Hand reitet, ist das Genickstück für das Pferd immer »drohend« vorhanden und könnte jederzeit den Kopf in die Tiefe zwingen.

Pferde, die zu viel psychischem Druck ausgesetzt sind oder waren, wirken abgestumpft und funktionieren wie Maschinen. Sie zeigen häufig kaum noch Interesse an ihrer Umwelt, sobald sie mit dem Menschen zusammen sind. Sie funktionieren übermäßig gehorsam und haben keine eigenen Ideen mehr. Pferde, die durch positive Verstärkung motiviert werden, selbst aktiv zu denken, sind aufgeweckt und machen einen fröhlichen Eindruck. Sie lieben ihre Menschen und zeigen Lebensfreude.

Aus tierphysiotherapeutischer Sicht sollte die Ausbildung des Pferdes ohne psychischen Druck auskommen.

2-1-3

FÜHLÜBUNGEN FÜR EIN BESSERES GEFÜHL MIT UND AUF DEM PFERD

3

Unser gesamtes Lernen basiert auf der Wahrnehmung durch unsere Sinne: Wir sehen, hören, fühlen, riechen etwas. Schon als Säuglinge lernen wir, diese Sinneswahrnehmungen sinnvoll zu verknüpfen. Aus einer ganzen Menge von Sinneswahrnehmungen wird dann ein Erinnerungspaket zu einer bestimmten Situation.

Sehen + Hören + Fühlen + Riechen = Situation in der Erinnerung

Wir lernen durch Erfahrungen, die wir in Kombination aller Sinne machen. Diese Erfahrungen können positiv oder negativ sein. Wenn ich eine insgesamt positive Erfahrung gemacht habe, werde ich jede einzelne Sinneswahrnehmung aus dieser Erfahrung als positiv empfinden. Wenn ich eine negative Erfahrung gemacht habe, werde ich auch jede einzelne Sinneswahrnehmung aus dieser Erfahrung als negativ in Erinnerung behalten.

Pferdegeruch
Ohrenspiel
weiche Lippen
Schnauben
weiches Fell

Bild 3-1

Die erste Begegnung mit dem Pferd

Eine einzelne negative Sinneswahrnehmung kann dann schon von meinem Instinkt als Gefahr gewertet werden, weil ich sie mit einer insgesamt negativen Erfahrung in Zusammenhang bringe.
Beispiel: Eigentlich esse ich gerne Eier. Eines Tages wurde mir nach dem Verzehr eines Eis speiübel, ich musste mich übergeben und war zwei Tage lang furchtbar krank. Sobald ich danach ein Ei nur sah erinnerte ich mich an diese unangenehmen Tage und konnte lange Zeit kein Ei mehr essen.
Oder – bezogen aufs Reiten:

Sinneswahrnehmungen vor dem Sturz vom Pferd:

- Auge sieht: Pferd spitzt die Ohren
- Ohr hört: Pferd atmet tief ein
- Auge sieht: Pferd hebt den Kopf

Erfahrung nach diesen Sinneswahrnehmungen:
Es folgte ein Bocksprung, ich bin heruntergefallen und habe mir sehr weh getan.

Gespeicherter Lernerfolg:
Wenn sich nur eine der oben genannten Sinneswahrnehmungen wiederholt, bereitet sich der Körper durch schützendes Muskelanspannen auf den Sturz vor. Es reicht ein Ohrenspitzen des Pferdes und der Reiter verspannt sich ruckartig, das Pferd erschrickt und springt dann verursacht durch den Reiter zur Seite. Ein Teufelskreis ist entstanden.
Leider wurden bei diesen Sinneserfahrungen vor allem das Auge und das Gehör angesprochen. Hätte der Reiter auch wahrgenommen, welches Gefühl sein Gesäß zu spüren bekommt, hätte er vielleicht abspeichern können, dass die mobile Beckentätigkeit ihn gerettet hätte. Leider ist das aber nicht so.
Erste Sinneserfahrungen während der ersten Anfängerreitstunden werden sofort verknüpft und das Verhalten, das den Reitanfänger »gerettet« hat, wird abgespeichert und jederzeit bei Bedarf automatisch abgerufen. Daher kommt es, dass beispielsweise ...
... viele Reiter im Galopp grundsätzlich die Zügel kürzer fassen, weil sie sich als Anfänger daran festgehalten haben oder
... viele Reiter beim Mitteltrab die Gesäßmuskeln verkrampfen, weil sie sich als Anfänger bei mehr Tempo immer festklammern mussten.

Bild 3-2
Hier zeigt Isabell uns etwas extrem die ganz typische Körperhaltung von Reitern, die ihre Anfängerängste nie richtig verarbeitet haben. Unbewusst werden instinktiv Muskeln angespannt, die gutes Reiten verhindern. So im Stand dargestellt, lässt Mogli

sich nicht besonders beeindrucken. Er nutzt die Fotozeit, um sich am Ohr zu kratzen. Schön bewegen würde er sich allerdings so nicht. Isabells angespannter langer Rückenmuskel sorgt dafür, dass sie in der Lendenwirbelsäule nicht beweglich ist. Sie könnte ihr Becken nicht gut der Pferdebewegung anpassen. Das Pferd würde dabei gestört, seinen Rücken gesund und elastisch zu bewegen. Dies würde sich dann auf den ganzen Körper auswirken und beispielsweise eine schöne Trabverstärkung unmöglich machen.

Da wir Menschen uns immer weniger körperlich betätigen, haben wir auch ein immer schlechteres Gefühl für Bewegungen, Gleichgewicht und Gefühl. Unsere Erfahrungen basieren immer mehr auf Hören, Sehen und Riechen. Gerade beim Reiten aber ist das Fühlen eine der wichtigsten Wahrnehmungsformen, um Erfahrungen zu machen und gutes Reiten zu lernen.

Viele Reiter können auf dem Pferd nicht mehr richtig fühlen, weil sich ihre Gedanken vollständig auf die anderen Sinne verlassen. Und da die anderen Sinne während des Reitens nicht so besonders hilfreich sind, greifen die Instinkte immer wieder ein, obwohl es gar nicht notwendig wäre.

Auch in meinen Massageseminaren ist es immer wieder sehr interessant, wie oft Teilnehmer am Anfang eines Kurses nichts empfinden, wenn sie ein Pferd massieren und schon nach einem Tag ertasten sie plötzlich winzigste Myogelosen und verstehen gar nicht, warum ihnen vorher nie etwas aufgefallen ist, wenn sie ihr Pferd gestreichelt haben.

Die folgenden Fühlübungen in Kombination mit Bildern und Beschreibungen werden dir helfen, in Bezug auf das Reiten wieder ganzheitliche Sinneserfahrungen zu machen, die dich zum talentierten Reiter werden lassen.

Viel Spaß dabei!

3.1 Brust und Schulter

Der erste Bereich, mit dem du wichtige Fühlerfahrungen machen kannst, ist der Oberkörper. Hier müssen mehrere Muskeln miteinander harmonisieren und es gibt viele Instinkte, die dieses Miteinander stören können.

Die wichtigen Muskeln von Pferd und Mensch im Bereich Schulter und Brust sind sich verblüffend ähnlich.

Der Mensch

Stell dich einmal aufrecht hin. Jetzt lege deine Hände direkt unter den Schlüsselbeinen flach auf deinen Körper. Deine Hände liegen jetzt auf den Brustmuskeln.
(Bild 3-1-1)
Wenn Du nun die Schulterblätter nach hinten schiebst, fühlst du, wie die Brustmuskeln gedehnt werden. In diesem Moment arbeitet der große Trapezmuskel, der über deinen Schulterblättern liegt.
Der Trapezmuskel zieht alle Fasern zusammen und kann so die Schultern nach hinten ziehen. Das geht aber nur, wenn die Brustmuskeln sich entspannen und gedehnt werden können. Probiere es aus: Es ist nicht möglich, die Brustmuskeln anzuspannen und gleichzeitig die Schultern nach hinten zu schieben, nicht wahr?
Der Trapezmuskel zieht an allen Wirbeln, die zum Brustkorb gehören, und an den Halswirbeln. Wenn der Trapezmuskel arbeitet, kannst du die Brustwirbelsäule nicht aufwölben.
Zum Vergleich: Es ist aber möglich, die Lendenwirbelsäule aufzuwölben und gleichzeitig die Schultern nach hinten ziehen zu lassen.

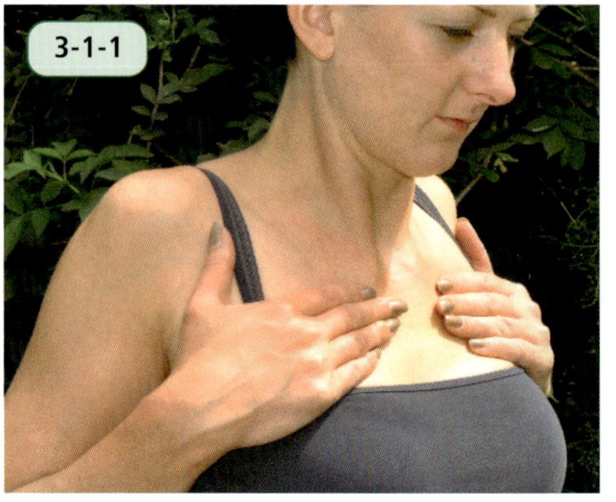

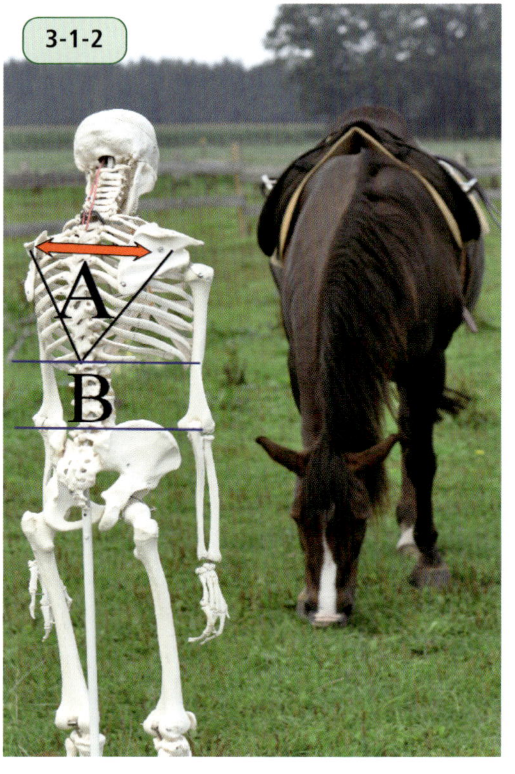

BILD 3-1-2
Die Wirbelsäule im Bereich A ist die Brustwirbelsäule. Hier beeinflusst der Spannungszustand des Trapezmuskels die Beweglichkeit der Wirbelsäule. Die Lendenwirbelsäule (B) ist dagegen unbeeinflusst von der Schultermuskulatur beweglich. Man kann also die Schultermuskeln anspannen und dabei in der Lendenwirbelsäule einen Rundrücken machen, während die Brustwirbelsäule gerade bleibt oder sogar in ein Hohlkreuz gezogen wird.

Dieser Umstand ist auch in Bezug auf die Beckenbeweglichkeit des Reiters auf dem Pferd sehr wichtig. Wir werden dieses Bild dann noch einmal ganz genau betrachten.

Merke!

Wenn der Trapezmuskel anspannt, kann man nur noch die Lendenwirbelsäule bewegen, die Brustwirbelsäule und die Halswirbelsäule werden gemeinsam durch den angespannten Trapezmuskel in eine starre und unbewegliche Stange verwandelt.

Bild 3-1-2-1
Noch ein kleiner Test. Spanne noch einmal bewusst deinen Trapezmuskel an. Dann versuche, während dieser Anspannung deine Arme nach vorne anzuheben.

Geht nicht, oder? Christina verkrampft hier mit ihrem ganzen Körper, um irgendwie diese Bewegung zu schaffen, aber sie kann den Arm nur heben, wenn der Muskel auf dem Schulterblatt locker wird.
Den Arm anheben kann man nur, wenn der Trapezmuskel sich entspannt in die Länge dehnen lässt. Arbeiten, also anspannen, tun in diesem Moment die Brustmuskeln.
Welche Gefühle verknüpfen sich mit dem Spannungszustand von Brust- und Schultermuskeln? Kennst du folgende Redewendungen?

- *Er wächst über sich hinaus.*
- *Er möchte sich am liebsten verkriechen.*
- *Mit stolz geschwellter Brust.*
- *Du kannst mir mal den Buckel runter rutschen.*
- *Sich in die Brust werfen.*
- *Ihm sitzt die Angst im Nacken.*

Redewendungen zeigen am besten, welche Gefühle wir mit einer Körperhaltung verbinden. Unser Instinkt rät uns, bei Gefahr die Brustmuskeln anzuspannen und hierdurch unsere wichtigsten Organe, Herz und Lunge, zu schützen. Im Gegensatz dazu treten wir mit »stolz geschwellter Brust« auf, wenn wir einem Feind demonstrieren wollen, dass wir ganz und gar keine Angst haben. Bei echter gelassener Selbstsicherheit befinden sich Brust und Schultermuskeln ungefähr im gleichen Spannungszustand, so dass sich die Schultern locker und beweglich gerade über dem Körper befinden.

Versuche mal, dich an Gefühle in vergangenen Situationen zu erinnern. Fülle hierfür folgende Tabelle auf Seite 44 aus.

Situation	Spannungszustand Brustmuskeln	Schultermuskeln	Schultern Hochgezogen?	Hängend?
Ich bin glücklich auf meinem Pferd und genieße die Reitstunde.				
Ich sitze auf einem fremden Pferd und bin mir nicht sicher, ob es brav bleibt.				
Ich reite aus. Vor uns erscheint ein Traktor und ich bin mir nicht sicher, ob mein Pferd scheuen wird.				
Ich reite im Dressurviereck. Mein Pferd gibt sein Bestes und meine Reiterkollegen stehen am Rand und schauen begeistert zu.				
Mein Reitlehrer lobt mich.				

Wie ist der Spannungszustand deiner Muskeln in den obigen Situationen?

Das Problem ist: Man kann seine Muskeln nur so halten und bewegen, wie man sich tatsächlich fühlt.

Merke!

Sobald ich versuche, mit meiner Körpersprache zu »lügen«, entsteht eine verkrampfte Haltung, und das spürt ein Pferd sofort.

Das Pferd

Beim Pferd finden wir die Zusammenhänge sehr ähnlich. Auch hier sind die Brustmuskeln und der mächtige Trapezmuskel Gegenspieler. Stell dich an dein Pferd und betaste beide Muskelbereiche.

Bild 3-1-3
Hier zeigt Claudia den Verlauf des Musculus trapezius beim Pferd. Wie bei uns Menschen liegt dieser Muskel wie ein Dach über den Schulterblättern und sorgt so für die Stabilität der Vordergliedmaßen beim Auffußen.

Bild 3-1-4
Hier hat Claudia die Hand auf einem Brustmuskel liegen. Die Brustmuskeln verlaufen wie bei uns Menschen jeweils rechts und links vom Brustbein ausgehend in Richtung Gliedmaßen.

Bild 3-1-5, Bild 3-1-6, Bild 3-1-7
Hier mache ich mich zum Pferd und kann

nachfühlen, wie es sich für das Pferd anfühlt, wenn die Muskeln im Gleichgewicht sind, wenn die Brustmuskeln mehr ziehen und die Schultermuskeln nachgeben müssen (Bild mitte) und wie es sich anfühlt, wenn die Schultermuskeln mehr ziehen (Bild rechts) und die Brustmuskeln nachgeben müssen.

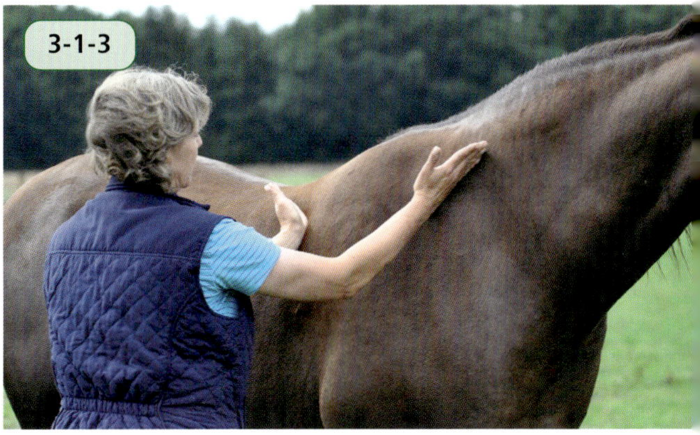

Mach diesen kleinen Versuch: Gib deinem Pferd auf dem Fußboden etwas zu fressen und betaste dabei den Trapezmuskel. Der ganze Muskel ist ordentlich in der Dehnung, nicht wahr. Wenn man einem Pferd ein Leckerli so reicht, dass es den Hals tief beugen muss, ist das eine Dehnungsübung der oberen Muskeln am Hals und der Schulter (Bild 1-3-8, Seite 46).

Wenn man ein Pferd unter dem Reiter dazu zwingt, in einer tiefen, gebogenen Halshaltung zu bleiben, ist das eine Dehnung der oberen Halsmuskeln auf Dauer. Das verursacht starke Schmerzen, die Muskeln werden nicht mehr genügend mit

frischem Blut versorgt (das ja nur im entspannten Zustand in den Muskel hinein kann) und es bilden sich verspannte Muskelfasern.

Die Gelenke der Vordergliedmaßen können nicht mehr elastisch bewegt werden und die Gelenke müssen beim Auffußen härtere Stöße aushalten, was zu Krankheiten führen kann.

Bild 3-1-9
Mach mal folgende kleine Fühlübung: Suche unter dem Trapezmuskel den Rand des Schulterblattes. Bitte einen Stallkollegen um Hilfe. Der soll das Pferd einige Runden führen, damit du die Übung, die Claudia hier zeigt, nachmachen kannst. Während das Pferd geführt wird, legt Claudia die Hand an den Rand der Schulter. Nun fühlt sie, wie bei jedem Schritt die obere Kante des Schulterblattes gedreht wird.

Bild 3-1-10
Zum Vergleich kann man dann auch immer wieder beim Menschen die gleiche Bewegung fühlen. Ja, Pferde und Menschen funktionieren hier völlig gleich.

Bild 3-1-11
Hier fühlt Claudia mit ihren Händen die Bewegungen beider Schulterblätter.
Sie kann sich so einerseits die Bewegung bewusst machen und andererseits Isabell auch sagen, ob diese ihre Schultern gerade und gleichmäßig bewegt. Oft ist es so, dass wir eine Seite weniger bewegen als die andere. Dies würde sich während des Reitens negativ auswirken.

Wenn du diese Übungen machst, fühlst du, wie der Knochen (der Rand des Schulterblattes) gegen den Trapezmuskel drückt. Bei jeder Bewegung der Vordergliedmaße muss der thorakale Anteil des Trapezmuskels sich entspannt dehnen lassen, damit die Schulter sich ungestört bewegen kann. (Zur Erinnerung: Wenn du deinen Trapezmuskel anspannst, kannst du auch nicht mehr die Arme nach vorne führen!)

Sobald dein Pferd Angst empfindet, während es geritten wird, wird es seinen Instinkten folgend den Trapezmuskel in eine Abwehrspannung bringen und die physiologisch gesunde Bewegung ist nicht mehr möglich.

Das Auftreten mit den Vorderbeinen ist nicht mehr elastisch und weich, sondern eher hart. Das Pferd wird eher in kleinen schnellen Schritten flüchten wollen, anstatt mit weit ausholenden Bewegungen eine schöne Trabverstärkung zu zeigen.

Auch wenn der Sattel zu eng ist oder der Reiter sich mit den Beinen festklammert, ist die Bewegung der Schulter eingeschränkt, weil der Trapezmuskel sich nicht entspannt dehnen lassen kann.

Gemeinsam – Fühlübungen auf dem Pferd

Nun setze dich auf dein Pferd. Wenn du möchtest, kannst du bei dieser Fühlerfahrung gerne ohne Sattel reiten. Hilfreich kann es sein, wenn ein Stallkollege dein Pferd führt und du dich ganz und gar nur auf das Fühlen verlassen kannst.

Bild 3-1-12
Lege deine Hände an verschiedenen Stellen der Schulter auf und fühle, wie die Muskeln

mehr oder weniger stark gedehnt werden, während das Pferd im Schritt geht und verschiedene Halsbewegungen macht.
Bitte auch einmal einen Helfer, das Pferd mittels Leckerli zur Halsbewegungen zu animieren. Dann kann man noch besser fühlen, wie die Muskeln bewegt werden.

Bild 3-1-13 (Seite 47)
Besonders deutlich wird das, wenn das Pferd den Kopf senkt. Auf diesem Bild fühlt Cornelia, wie der Trapezmuskel in seiner Gesamtheit gedehnt wird, wenn das Pferd den Hals nach vorne-abwärts dehnt.

Sobald das Pferd den Reiter nicht als uneingeschränkt angenehme Last empfindet, wird es den Trapezmuskel nicht entspannen können und das Dehnen des Halses ist nicht möglich.

Nun erinnere dich an die Versuche, die du am Boden gemacht hast und versuche, folgende Fragen (siehe Tabelle unten) zu beantworten:

Die meisten Reiter lassen die Schultern eher nach vorne hängen. Instinktiv fühlt man sich dabei gut, denn man ist so immer bereit, in Gefahrensituationen die Brustmuskeln blitzschnell anzuspannen und so das Herz und die Lunge zu schützen.
Viele Reiter neigen dazu, extrem gerade zu sitzen. Ihr Instinkt sagt dann: »Bloß keine Schwäche zeigen, nicht dass mich gleich jemand angreift.« Meistens lernt man das bereits in den ersten Reitstunden, weil man sich vom autoritär schreienden Reitlehrer angegriffen fühlt. Die wenigsten Reiter sind es gewohnt, die Schultern einfach ungezwungen locker zu halten.
Welche Gedanken und Erinnerungen an Situationen helfen dir, eine ungezwungene Körperhaltung einzunehmen, ohne dass du versuchst, mit

Sitz	Spannungszustand Brustmuskeln	Spannungszustand Schultermuskeln	Wie sieht es aus?
Setze dich so hin, wie du es gewohnt bist und versuche zu fühlen, wie sich deine Muskeln anfühlen.	angespannt? entspannt? gedehnt?	angespannt? entspannt? gedehnt?	
Setze dich ins Hohlkreuz.	angespannt? entspannt? gedehnt?	angespannt? entspannt? gedehnt?	
Lass die Schultern nach vorne hängen.	angespannt? entspannt? gedehnt?	angespannt? entspannt? gedehnt?	
Setze dich so hin, dass möglichst wenig Muskelarbeit notwendig ist.	entspannt?	entspannt?	

dem Körper zu »lügen«? Konzentriere dich auf diese guten Gedanken und Erinnerungen.

Und noch eine Übung: Du hattest am Pferd mit der Hand gefühlt, wie sich das Schulterblatt bewegt und der Trapezmuskel des Pferdes dabei rhythmisch bei jedem Schritt gedehnt wird. Nun fühle diese Bewegungen des thorakalen Anteils des Trapezmuskels, also von dem Teil, der in die Sattellage hineinreicht, mit dem inneren Teil deines Oberschenkels und mit den Händen. Du darfst die Bewegungen des Schulterblattes und des Trapezmuskels nicht behindern, wenn dein Pferd sich unter dir schön bewegen können soll.

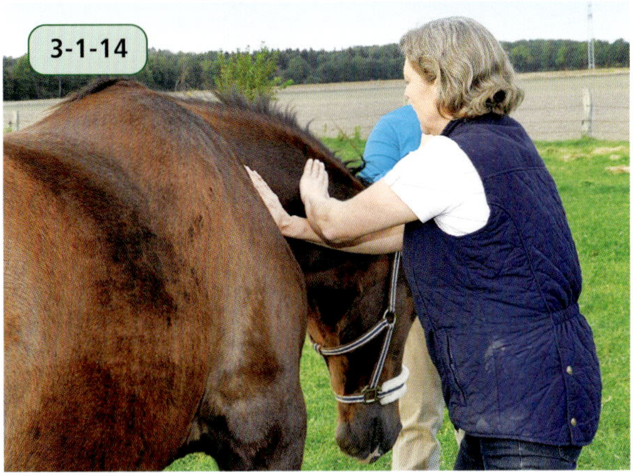

Sinnvolle Maßnahmen für das Pferd

Wenn dein Pferd sich im Laufe seiner Ausbildung angewöhnt hat, den Trapezmuskel als instinktive Schutzhaltung anzuspannen oder wenn der Reiter oder der Sattel den Trapezmuskel behindert haben, solltest du dein Pferd in der nächsten Zeit vor dem Reiten in diesem Bereich massieren.

Massageanleitung

1. Streichungen mit den Handflächen auf dem gesamten Muskelbereich. Mache lange, regelmäßige Bewegungen über den Hals und die Schulter bis in die Sattellage hinein. Die Hände dabei abwechseln, so dass eine Hand immer auf dem Fell liegt und die Verbindung zwischen Menschenhand und Tierkörper nie verloren geht. Bild 3-1-14

2. Nach ausgiebigen Streichungen beginnst du, die Streichungen mit dem Harkengriff zu kombinieren. Auch mit dem Harkengriff ausgiebig in Richtung des fächerförmigen Faserverlaufes den Trapezmuskel massieren, alle 15 Sekunden mit Streichungen abwechseln. Hierdurch fühlt das Pferd, wie angenehm die Dehnung der oberen Halsmuskulatur sich anfühlt, und es wird auch hinterher beim Reiten dieses Gefühl gerne suchen, sobald der Reiter den Zügel aus der Hand kauen lässt. Bild 3-1-15

Im Anschluss widmest du dich der Brustmuskulatur, die mit Streichungen und Knetungen ausgiebig massiert wird. Bild 3-1-16 (Seite 50)

Zum Abschluss wird der Mähnenkamm mit beiden Händen gegriffen und dann s-förmig dehnend verschoben. Bild 3-1-17 (Seite 50)

Die ganze Massage sollte maximal 15 Minuten dauern! Jede Pferdeseite braucht ca. 5 bis 7 Minuten. Man arbeitet nicht zu schnell, aber auch nicht »einschläfernd« langsam. Die Massage soll für das Pferd ein »Fühlerlebnis« sein und es gleichzeitig wie beim klassischen Warm-up auf die folgende Bewegung vorbereiten.

Während des Reitens

Beginne die Reitstunde am hingegebenen Zügel. Achte darauf, während der Reitstunde in regelmäßigen Abständen – etwa alle 5 Minuten – den Zügel aus der Hand kauen zu lassen. Während der Phasen am hingegebenen Zügel wieder den Halsanteil des Trapezmuskels dehnend massieren (tiefe Streichungen).

Sinnvolle Maßnahmen für den Reiter

Erinnere dich auf dem Pferd immer daran, wie es sich anfühlt, wenn man die Hand auf dem Schulterblatt des Pferdes liegen hat, während das Pferd sich bewegt. Erinnere dich auf dem Pferd an das Gefühl, das du hast, wenn du dich sicher, frei und glücklich fühlst.

Falls du schon lange in einer der beiden Fehlhaltungen (Schultern zu weit vorne oder Schultern zu weit hinten) lebst und/oder reitest, kann es sein, dass deine Muskeln nicht mehr im Gleichgewicht sind. Dann solltest du unbedingt Übungen machen, die einerseits die entsprechenden Muskeln dehnen und andererseits Muskelkraft aufbauen.

Beispiele: Bild 3-1-18 und Bild 3-1-19
Auf den nächsten beiden Bildern siehst du eine Übung, die sehr wertvoll für das eigene Körpergefühl ist. Man stellt sich gerade und aufrecht hin. Beide Personen halten das elastische Theraband in leichter Spannung und bewegen dann abwechselnd die Schultern nach hinten und nach vorne, ohne die Körperhaltung insgesamt zu verändern. Auf dem Bild 3-1-18 zeigen Isabell und Cornelia die Übung, wie sie nicht ausgeführt werden sollte. Beide lehnen sich gegen das Band und ihre Körper sind nicht mehr im Gleichgewicht. Richtig zeigen es Cornelia und Steffi auf dem Bild 3-1-19. Der Körper bleibt immer im Gleichgewicht, während die Hände und Arme sich abwechselnd zum Körper hin bewegen.

Bild 3-1-20
Eine gute Übung zur Kräftigung der Schulter- und Brustmuskulatur ist diese Liege-

3-1-18

3-1-21

3-1-19

3-1-20

stütze am Baumstamm. Man lehnt sich an und drückt sich mit den Armen langsam nach hinten. Achtung! Niemals bei dieser Übung die Bauchmuskeln einfach entspannen und ins Hohlkreuz fallen, das wäre sehr ungesund und kein zweckmäßiges Training für den Reiter. Also: Die Bauchmuskeln anspannen und damit die Wirbelsäule stabilisieren. Dann die Arme arbeiten lassen, ohne die Schulterhaltung zu verändern. Mach diese Übung regelmäßig und es wird dir leichter fallen, auf dem Pferd im Gleichgewicht zu sitzen.

Übung auf dem Pferd

Wenn du am Anfang der Reitstunde sowieso am hingegebenen Zügel reitest, probiere mal aus, deine Arme diagonal zum Vorderbein anzuheben, also das Pferd tritt vorne links vor, während du den rechten Arm hebst und umgekehrt. So kann man sich die Bewegungen der Schulter noch besser bewusst machen. Bild 3-1-21

3.1.1 Die Atmung

Viele Pferde können sich frei ausgiebig und schwungvoll bewegen, ohne dabei zu schwitzen. Sitzt jedoch ein Reiter auf dem Pferd, beginnt es bereits nach wenigen Minuten, am Hals Schwitzflecken zu bilden. Auch viele Reiter schwitzen schnell, wenn sie auf dem Pferd sitzen. Meistens liegt das bei Tier und Mensch daran, dass der Körper nicht mehr optimal mit Sauerstoff versorgt wird. Daran ist eine zu flache Atmung schuld.

Kommen dir solche Sätze bekannt vor?

- Er hielt vor Schreck den Atem an.
- Ihm stockte der Atem.

Unsere Bauchmuskeln gehören zur Atemhilfsmuskulatur. Wenn mein Körper sich instinktiv auf Kampf oder Flucht vorbereitet, werden auch die Bauchmuskeln angespannt und dadurch wird die Atmung behindert. Diese Mechanismen funktionieren bei Pferd und Mensch gleich.

Eine Funktionslinie

Beklebe den Brustkorb deines Pferdes mit gestrichelten Linien aus einfachen weißen Papieraufklebern. Nun lass es an der Longe im Schritt und im Trab laufen und beobachte, wie sich die Linien verändern. Bilder 3-1-1-1

Auf den nächsten beiden Bildern kannst du sehen, dass sich bei jedem Trabtritt des Pferdes die Abstände zwischen den Aufklebern verändern. Der Brustkorb weitet sich mächtig aus. Bild 3-1-1-2 und Bild 3-1-1-3

Nun probiere folgende Fühlübungen aus:

1. Fühlübung Bild 3-1-1-4
Stell dich unverkrampft gerade hin. Lege Deine Hände locker auf deinen Brustkorb. Nun atme tief ein und aus und fühle, wie sich das Volumen von deinem Brustkorb vergrößert und wieder verkleinert. Suche mit den Fingern deine Rippen und die Zwischenrippenräume. Fühlst du, wie sich die Abstände zwischen den Rippen bei jedem Einatmen erweitern?
Probiere mal aus, wie du deine Körperhaltung veränderst, wenn du so viel wie möglich Luft einatmen willst. Erweitert sich

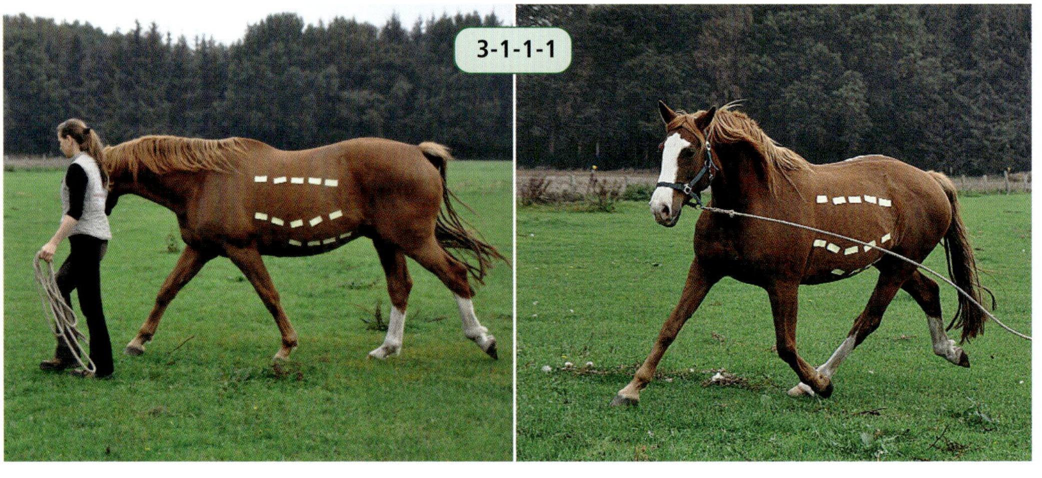
3-1-1-1

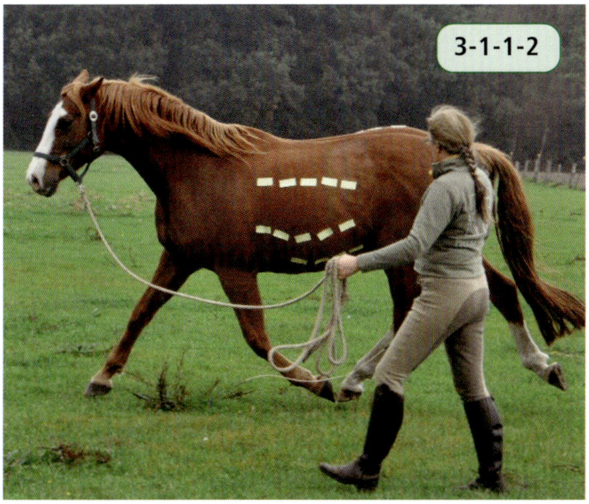

dein Brustkorb zu allen Seiten, auch nach hinten, oder hast du eher das Gefühl, dass er nur vorne weiter wird? Du atmest gesund und richtig, wenn du bei aufrechter Körperhaltung das Gefühl hast, dass dein Brustkorb vorne und im Rücken deutlich umfangreicher wird.

Wenn du nun ausatmest, hast du das Gefühl, die Luft ganz tief aus deiner Körpermitte, ja fast aus dem Bauch heraus zu holen, oder? Merke dir dieses Gefühl. Da, wo

die Luft jetzt herkommt, ist dein Körperzentrum, die Basis deines Gleichgewichtes.

3-1-1-5 (Seite 54)
Befühle abwechselnd deine Rippen und deinen Bauch und atme mal tiefer und mal flacher. Probiere aus, wie viel Luft du in deine Lungen bekommst, wenn die Bauchmuskeln nicht beteiligt sind und wie sehr sich das Atemvolumen erhöht, wenn die Bauchmuskeln mitmachen. Nun spanne die Bauchmuskeln an und probiere aus, wie es dann mit dem Atmen klappt. Nicht so toll, oder?

3-1-1-6 (Seite 54)
Zwischen den Rippen liegen Muskeln, die sehr dehnbar sind, was sehr wichtig ist, damit der Körper bei Anstrengung genug frische sauerstoffreiche Luft einatmen kann. Beim Pferd ist das genauso.

3-1-1-5

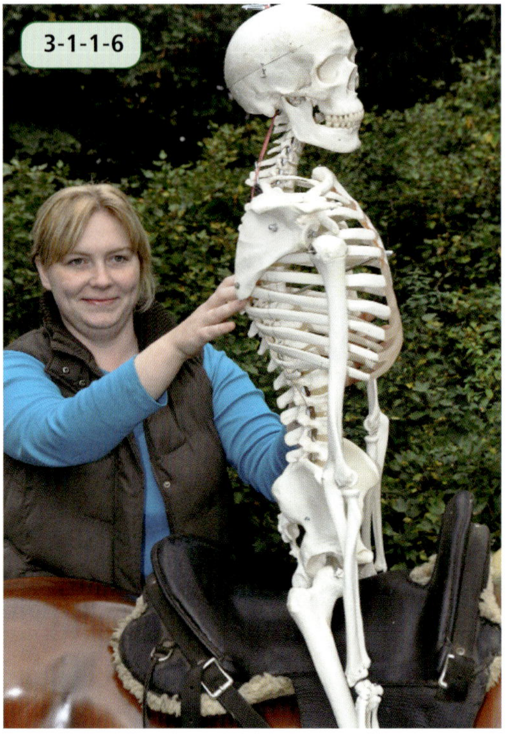
3-1-1-6

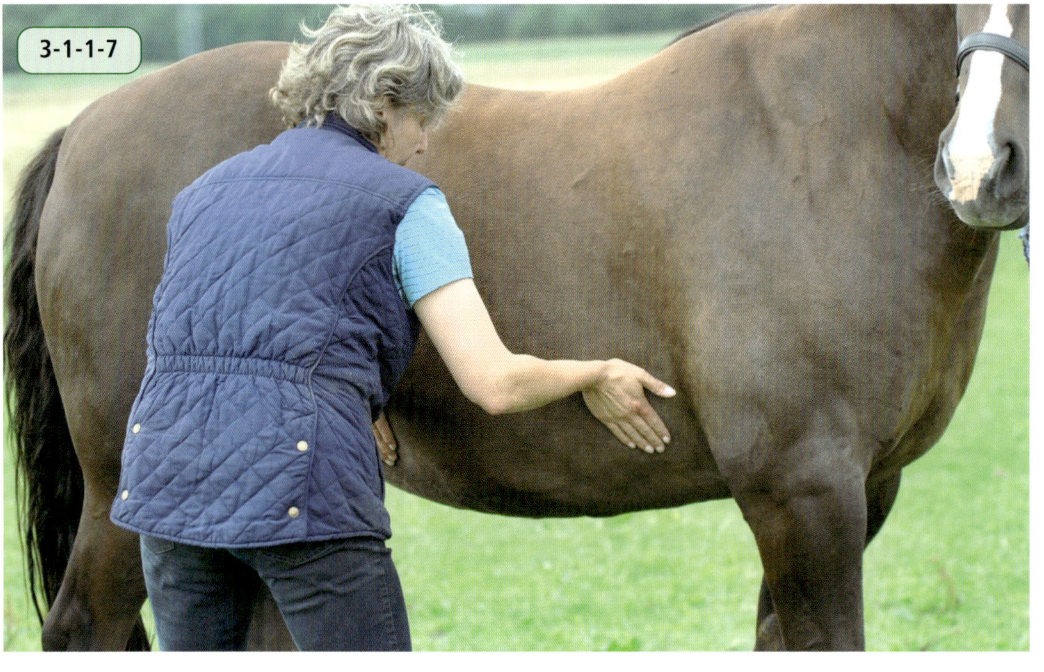
3-1-1-7

2. Fühlübung: Bild 3-1-1-7
Stell dich neben dein Pferd und lege deine Hände auf den Brustkorb und den Bauch. Fühlst du auch bei deinem Pferd, wie sich das Volumen während des Atmens ändert? Wenn dein Pferd sich nicht gerade ordentlich ausgetobt hat und deshalb besonders prustet, merkt man nicht viel, nicht wahr. Wenn aber das Pferd ordentlich agiert, weitet sich der Brustkorb sehr viel mehr, als wir Menschen uns das vorstellen

Bild 3-1-1-8
Bitte jemanden, deinem Pferd ein Leckerli so zu füttern, dass es dabei den Körper biegt. Lege gleichzeitig deine Hände wieder auf den Brustkorb und fühle, wie sich die Rippenzwischenräume weiten. Nun bekommst du einen gefühlten Eindruck, wie sich der gesamte Brustkorb weitet, wenn das Pferd im Trab oder Galopp geritten wird.

3. Fühlübung: Bild 3-1-1-9
Stell dich so hin, als ob du ein Vierfüßler wärst. Nun bitte jemanden, das Klopfen von Schenkeln zu simulieren. Dein Stallgefährte soll die flachen Hände regelmäßig oder auch gerne mal unregelmäßig seitlich an deinen Brustkorb fallen lassen. Du versuchst, gleichzeitig normal und tief zu atmen. Nicht so gut, oder?
Beobachte dein Pferd beim Satteln. Atmet es anders, sobald du den Gurt anziehst? Wenn ja solltest du darüber nachdenken, was du ändern kannst, damit dein Pferd auch unter dem Sattel ruhig und gelassen atmen kann.

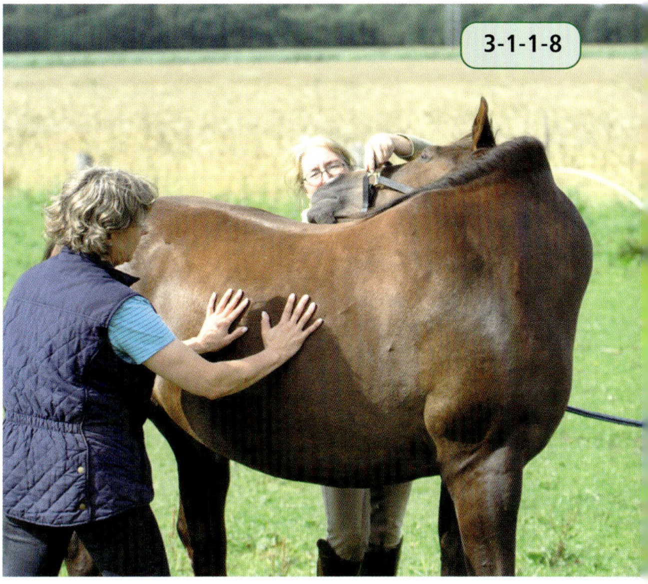

4. Fühlübung: Bilder 3-1-1-10 und 3-1-1-11 (Seite 56)
Leg dir ein dickes Polster zwischen die Beine. Am besten eignet sich ein Sitzball. Nun klammere dich mit den Beinen fest und versuche gleichzeitig, ruhig, gelassen und tief zu atmen. Geht das?

Es ist sehr kompliziert, tief und regelmäßig zu atmen, wenn man gleichzeitig mit seinem Körper Kraftarbeit leisten will. Das kommt daher, weil einige Muskeln, die an der Atmung beteiligt sind, auch gleichzeitig bei der Kraftarbeit helfen, wie beispielsweise die Bauchmuskeln. Deshalb sollte jeder Reiter bestrebt sein, mit leichten Hilfen mit dem Pferd zu kommunizieren, anstatt es mit Kraft vorwärts zwingen zu wollen.

Nur wenn ein Reiter lernt, seinen Körper effektiv und kräfteschonend einzusetzen, kann er gut und gesund reiten. Falls du beim Reiten leicht Seitenstiche bekommst, kann das daran liegen, dass deine Bauchmuskeln ungesund anspannen und deshalb die Atmung behindern.

Bild 3-1-1-12
Setze dich auf dein Pferd (wenn du magst auch gerne ohne Sattel) und lass es von einem Freund führen, damit du dich ganz auf die Übung konzentrieren kannst. Lass die Beine locker hängen, atme ruhig und tief und versuche zu fühlen, wie das Pferd atmet.

Fühle erst wieder mit den Händen, wie sich der Brustkorb weitet (wie Cornelia es hier macht). Lass dann die Beine locker hängen und fühle, ob du auch mit den Beinen spüren kannst, wie das Pferd atmet. Kannst du auch mit dem Gesäß fühlen, wie das Pferd atmet? Ändert sich die Atmung deines

Pferdes, wenn du die Beine enger anlegst? Probiere diese Übung dann auch mit Sattel aus.

Viele Pferde beginnen sofort flacher zu atmen, wenn ein Reiter aufsitzt. Dann kommen psychische Probleme (Angst, Stress) und die Erwartung der Schenkeleinwirkung (und Sporen) dazu, und schon ist die Atmung nicht mehr ruhig und tief genug, um den Körper optimal zu versorgen.

Wenn du nun noch die Beine fest zusammenpresst, fühlst du, dass deine eigene Atmung sich auch verändert. Ein normal reagierendes Pferd wird beim Zusammenpressen der Beine stehen bleiben wollen. Eine Kommunikation über den Beinkontakt sollte entweder ganz unterlassen werden oder sich nur auf leichte Berührungen beschränken, damit die Atmung von Reiter und Pferd konstant ruhig, gelassen und effektiv bleibt.

3.2 Rücken, Bauch und Becken

Hier kommen wir nun zu einem der wichtigsten Bereiche der Körper von Pferd und Mensch. Mit diesen Zusammenhängen sollte sich jeder Mensch auseinandersetzen, bevor er sich überhaupt auf ein Pferd setzt. Auch hier ist es so, dass sich die Abhängigkeiten zwischen Bauch- und Rückenmuskeln bei Pferd und Mensch sehr ähnlich sind.

Der Mensch

Zum Thema »Bauch« gibt es sehr viele Sprichwörter und Redensarten. Hier nur eine kleine Auswahl:

- aus dem hohlen Bauch heraus
- mit etwas eine Bauchlandung machen
- sich vor lauter Lachen den Bauch halten
- etwas aus dem Bauch heraus entscheiden
- Schmetterlinge im Bauch haben
- Stinkwut im Bauch
- mir ist mulmig (Magen rebelliert)

Der Bauch ist das Zentrum unseres ganzen Körpers. Im Bauch sitzen unsere Organe, die unseren Körper am Leben erhalten. Unsere Nahrung wird im Bauch so verarbeitet, dass sie uns Energie gibt. Der Bauch muss immer geschützt werden. Im Bauch befindet sich auch unsere Körpermitte. Wenn du dich gerade hinstellst und dann ganz tief ausatmest, hast du das Gefühl, die letzte Luft ganz tief aus dem Bauch zu holen. Da unten ist deine Körpermitte. Die sollte man unbedingt kennen, wenn man gut reiten will, denn die Mitte des Reiters und die Körpermitte des Pferdes sollten sich möglichst immer magnetisch anziehen. Wenn sie das tun, kann man nicht vom Pferd fallen, egal was passiert.

Für Reiter ist es unglaublich wichtig, das richtige Bauchgefühl zu lernen. Mir ist das vor vielen Jahren bewusst geworden, als ich zum ersten Mal Sally Swifts Buch »Reiten aus der Körpermitte« gelesen habe.

Unser »Bauchgefühl« ist sehr aussagekräftig und wir wollen unseren Bauch gerne schützen. Bei Gefahr von vorne sagt unser Instinkt »Einrollen und Hände vor den Bauch« und »Bauch einziehen«.

3-2-1

3-2-2

Bei Gefahr von hinten möchten wir davonrennen, also flüchten. Hierbei befiehlt unser Instinkt: »Lange Rückenmuskeln anspannen!« Das hat vor allem den Grund, dass die Wirbelsäule möglichst stabil geschützt werden soll. Mit gebrochenem Rückgrat wäre unsere Flucht beendet.

Fühlübungen dazu:

Bild 3-2-1
Stell dich gerade und unverkrampft hin. Lege die Hände auf den Bauch. Nun zieh den Bauch ein. Du fühlst, wie deine langen Bauchmuskeln anspannen.

Bild 3-2-2
Nun lege deine Hände locker in die Hüften und fühle, ob beim Baucheinziehen auch deine schrägen Bauchmuskeln anspannen.

Bilder 3-2-3, 3-2-4, 3-2-5 und 3-2-6
Probiere aus, bei welchen Bewegungen die geraden Bauchmuskeln anspannen, bei welchen Bewegungen die schrägen Bauchmuskeln anspannen und bei welchen Bewegungen die geraden und die schrägen Bauchmuskeln anspannen.

Bilder 3-2-7, 3-2-8 und 3-2-9
Mach dir auch bewusst, bei welchen Körperbewegungen sich Bauchmuskeln entspannt dehnen lassen müssen. Auch hier ist es wichtig, sich genau zu überlegen, ob die schrägen oder die geraden Bauchmuskeln oder beide Arten von Bauchmuskeln sich entspannt dehnen lassen müssen. Kann man eigentlich die geraden Bauchmuskeln anspannen und dabei die schrägen Bauch-

3-2-5

3-2-6

3-2-7

3-2-8

muskeln entspannen? Oder umgekehrt? Wie beeinflusst der Spannungszustand der Bauchmuskeln die Stellung des Beckens? Arbeiten die Bauchmuskeln auch, wenn man die Beine bewegt? Viele Fragen, deren Beantwortung für gutes Reiten sehr wichtig ist.

Nun konzentriere dich auf deinen Rücken. Hier gibt es ebenfalls entlang der Wirbelsäule beidseitig jeweils den langen Rückenmuskel und quer dazu den jeweils einen breiten Rückenmuskel.

Bild 3-2-10
Wenn du deinen Rücken extrem gerade aufrichtest spannen deine langen Rückenmuskeln an. Der M. longissimus dorsi liegt wie eine dicke lange Schlange beidseitig entlang der Wirbelsäule. Wenn man ein Hohlkreuz macht, kann man fühlen, wie dieser Muskel anspannt und die Wirbelsäule dadurch auch seitlich unbeweglich macht. Noch deutlicher fühlt man das, wenn man die Hände in der Lende rechts und links der Wirbelsäule auflegt.

Bild 3-2-11 (Seite 62)
Hier eingezeichnet findest du in rot den M. longissimus dorsi, den langen Rückenmuskel. Wenn man diesen Muskel anspannt, macht man ein Hohlkreuz. Wenn man seinen Oberkörper nach vorne beugt, muss er sich entspannt in die Länge dehnen lassen.
Der Trapezmuskel liegt wie ein Dach über den Schultern und dem M. longissimus. Hier in grün eingezeichnet ist eine Hälfte vom Trapezmuskel. Bei Anspannung zieht dieser

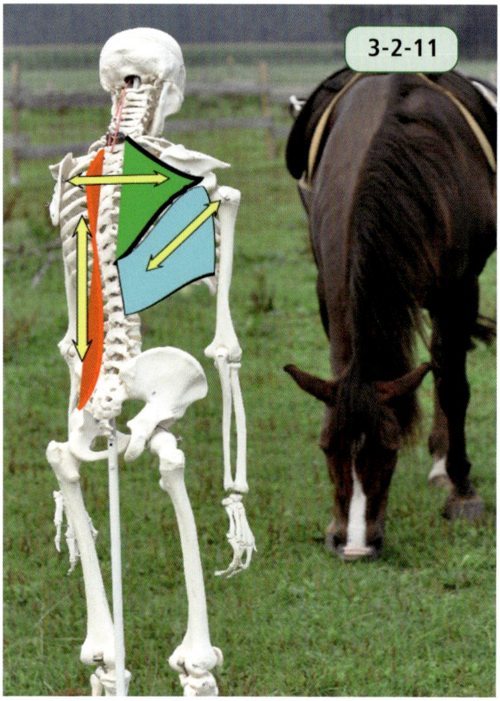

Muskel die Schulterblätter nach hinten und er muss sich entspannen, wenn die Brustmuskeln anspannen um die Schultern nach vorne zu ziehen.
In türkis eingezeichnet der breite Rückenmuskel, der sich entspannt in die Länge dehnen lassen muss, wenn man einen Arm anhebt.

Der lange Rückenmuskel liegt beidseitig an der Wirbelsäule wie eine Schlange, der breite Rückenmuskel hat eine eher flächige Form und zieht unter dem großen Trapezmuskel von Brustwirbeln über die Rippen in Richtung Oberarm. Wenn du deine Oberarme extrem nach hinten ziehst, arbeitet der Trapezmuskel gemeinsam mit dem breiten Rückenmuskel.

Merke!

Steht man eher mit einem runden Rücken, ist der lange Rückenmuskel entspannt. Macht man ein Hohlkreuz, spannt der lange Rückenmuskel an und die Wirbelsäule in ihrer ganzen Länge wird fest und unbeweglich.

Bild 3-2-12
Bückt man sich und drückt dabei die Oberarme nach hinten, ist der lange Rückenmuskel entspannt und der breite Rückenmuskel und der Trapezmuskel stabilisieren die Brustwirbelsäule, während die Lendenwirbelsäule beweglich bleibt.

Bewegung	breiter Rückenmuskel angespannt	breiter Rückenmuskel entspannt wird gedehnt	langer Rückenmuskel angespannt	langer Rückenmuskel entspannt wird gedehnt
Beugen des Oberkörpers nach vorne				
Beugen des Oberkörpers nach hinten				
Beugen des Oberkörpers nach rechts				
Beugen des Oberkörpers nach links				
Strecken der Arme nach vorne				
Andrücken der Ellenbogen				

Mache dir die Arbeit dieser Muskeln bewusst, indem du diese Tabelle ausfüllst.

Nun wollen wir noch erfühlen, wie Rücken- und Bauchmuskeln voneinander abhängig sind.

Bild 3-2-13

Wir unterscheiden zwei Arten von Bauchmuskeln, die geraden und die schrägen. Auf diesem Bild sind im Skelett die geraden Bauchmuskeln als roter Pfeil eingezeichnet. Wenn du den Bauch einziehst, spannst du dafür die geraden Bauchmuskeln an. Mit dem blauen Pfeil ist die Lage und Zugrichtung der schrägen Bauchmuskeln markiert. Diese ziehen sich über die Hüfte bis in den Rücken an den langen Rückenmuskel. Claudia (ganz rechts) hat gerade ihre Hände

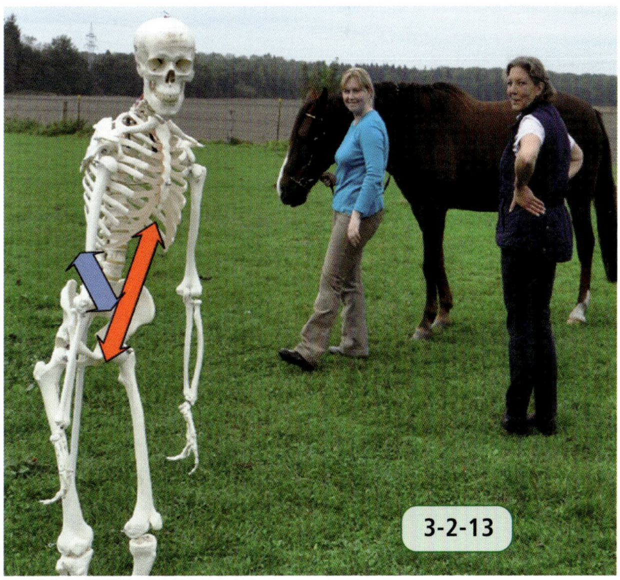

3-2-13

auf den schrägen Bauchmuskeln liegen. Steffi (Mitte) spannt gerade auf der rechten Körperhälfte ihre geraden Bauchmuskeln etwas an, während die das Bein anhebt.

Reiter müssen ganz genau wissen, wie sich Bauch- und Rückenmuskeln gegenseitig beeinflussen. Der lange Rückenmuskel und die geraden Bauchmuskeln sind direkte Gegenspieler. Wenn also der lange Rückenmuskel anspannt und die Wirbelsäule in ein Hohlkreuz zieht, müssen die langen Bauchmuskeln entspannen, um den langen Rückenmuskel in seiner Arbeit nicht zu behindern.
Wenn der Mensch gerade steht, sollten der lange Rückenmuskel und die Bauchmuskeln den gleichen Spannungszustand haben, dann ist die Wirbelsäule optimal von beiden Körperseiten gestützt.
Wir Menschen stabilisieren unsere Wirbelsäule im Stehen meistens nur durch Anspannen des langen Rückenmuskels. Deshalb leiden auch so viele Menschen unter Rückenschmerzen.

Bewegung	**Welcher Muskel muss arbeiten?**			
	gerader Bauchmuskel	schräger Bauchmuskel	langer Rückenmuskel	breiter Rückenmuskel
Beugen des Oberkörpers nach vorne				
Beugen des Oberkörpers nach hinten				
Beugen des Oberkörpers nach rechts				
Beugen des Oberkörpers nach links				
Strecken der Arme nach vorne				
Andrücken der Ellenbogen				
Gerade stehen und den Beckenkamm nach vorne schieben				
Gerade stehen und den Beckenkamm nach hinten schieben				
Im aufrechten Stand das Becken einseitig hochziehen				
Aufrecht stehen und Bauch einziehen				
Aufrecht stehen und einen »dicken Bauch« machen				

Beim Reiten ist es immens wichtig, dass die Bauchmuskeln arbeiten, denn wenn während des Reitens nur der lange Rückenmuskel die Körperhaltung stabilisiert, ist die Lendenwirbelsäule steif und der Reiter kann sich den Pferdebewegungen nicht genügend anpassen!

Die schrägen Bauchmuskeln arbeiten vor allem, wenn wir unseren Körper zur Seite neigen. Während des Reitens brauchen wir die schrägen Bauchmuskeln ganz besonders in Wendungen und beim Reiten von Seitengängen.

Übe, den Spannungszustand in deinen Muskeln im Bauch und Rücken zuverlässig zu erfühlen. Nutze hierfür die Tabelle auf Seite 64. Bewege deinen Körper, lege deine Hände auf die entsprechenden Muskeln und beantworte die Fragen.

Jedesmal wenn ein Muskel anspannt, muss mindestens ein Gegenspieler entspannen. Probiere die Bewegungen der letzten Tabelle noch einmal und überlege dir dabei, welche Muskeln unbedingt entspannen müssen, um die Bewegung nicht zu behindern (siehe Tabelle unten).

Bewegung	**Welcher Muskel muss entspannen?**			
	gerader Bauchmuskel	schräger Bauchmuskel	langer Rückenmuskel	breiter Rückenmuskel
Beugen des Oberkörpers nach vorne				
Beugen des Oberkörpers nach hinten				
Beugen des Oberkörpers nach rechts				
Beugen des Oberkörpers nach links				
Strecken der Arme nach vorne				
Andrücken der Ellenbogen				
Gerade stehen und den Beckenkamm nach vorne schieben				
Gerade stehen und den Beckenkamm nach hinten schieben				
Im aufrechten Stand das Becken einseitig hochziehen				
Aufrecht stehen und Bauch einziehen				
Aufrecht stehen und einen »dicken Bauch« machen				

Nach all diesen Überlegungen stelle dir nun die wichtigste Frage: Wie müssen meine Muskeln am Bauch und Rücken arbeiten, wenn ich die Beckenbewegungen auf dem Pferd simuliere? Jetzt wird es sehr wichtig!

Bilder 3-2-14 und 3-2-15
Durch Anspannen der langen Rückenmuskeln wird der obere Beckenkamm nach vorne geschoben. Hierbei entspannen die Bauchmuskeln (Bild 3-2-14).
Das sieht zwar auf dem Foto aus, als ob ich einen schönen Dressursitz mit langen Beinen zeigen will, aber in der Realität bedeutet es, dass meine Wirbelsäule steif ist und ich mich den Pferdebewegungen nicht anpassen kann.
Durch Anspannen der geraden Bauchmuskeln wird der obere Beckenkamm nach hinten geschoben. Hierbei entspannt der lange Rückenmuskel (Bild 3-2-15). Das sieht eher so aus wie Sitzen auf der Couch; auf die Dauer wäre es auch nicht ideal.

Das Becken sollte bei jedem Schritt und Tritt des Pferdes optimal beweglich sein und das geht nur, wenn Bauch- und Rückenmuskeln abwechselnd anspannen und entspannen. Nur wenn dieses Wechselspiel genau so stattfindet, kann das Becken so beweglich sein, dass es den Bewegungen des Pferderückens folgen kann.
Damit der lange Rückenmuskel in den Phasen der Bauchanspannung entspannen kann, müssen die Schultermuskeln, die Brustmuskeln und der breite Rückenmuskel einen guten Spannungszustand haben, damit man nicht (wie ich auf dem rechten Bild oben) im ganzen Körper zusammensackt.
Der häufigste Fehler: Die meisten Menschen bewegen ihr Becken nur durch Anspannen und Entspannen der langen Rückenmuskeln. Die Bauchmuskeln arbeiten nicht und das Becken wird nur zu einem Teil seiner Möglichkeiten bewegt.

In Wendungen und Seitengängen muss der Reiter seine schrägen Bauchmuskeln arbeiten lassen. Bei den meisten Reitern sind die schrägen Bauchmuskeln nicht kräftig genug und es entsteht das Einknicken in der Hüfte. Je schwächer die Bauchmuskeln sind, desto schwieriger ist es, mit feinen leichten Hilfen zu reiten. Deshalb sollte jeder Reiter seine Bauchmuskeln regelmäßig trainieren. Die folgenden Bilder zeigen dir die einfachsten und effektivsten Übungen zur Kräftigung der Bauchmuskeln:

Bilder 3-2-16 und 3-2-17
Hinlegen, Beine hoch und imaginäres Radfahren trainiert vor allem die geraden Bauchmuskeln (hier mit Hundegewichtsunterstützung).

Bilder 3-2-18 und 3-2-19
Das gerade Anheben und Zurseiteschwenken der Beine trainiert sehr effektiv die schrägen Bauchmuskeln. Achte bei diesen Übungen unbedingt darauf, dass du nicht versehentlich ein Hohlkreuz machst! Am besten bittest du jemanden zuzuschauen, ob du die Übung richtig machst. Wenn es dir sehr schwer fällt, deine Bauchmuskeln zu trainieren, solltest du vielleicht einmal einen Termin bei einem Physiotherapeuten machen und dir weitere Übungen zeigen lassen.

Wer auf solche anstrengenden Übungen keine Lust hat, kann auch gut einen Bauchtanzkurs mitmachen. Das trainiert ebenfalls sehr effektiv die Bauch- und Rückenmuskeln.
Nun versuche wieder, dich an Gefühle in vergangenen Situationen auf deinem Pferd zu erinnern.

Fülle hierfür die untenstehenden Tabellen aus: Wie ist der Spannungszustand deiner Muskeln in folgenden Situationen?

Das Pferd

Auch beim Pferd sind die Zusammenhänge und Wechselwirkungen zwischen Bauch- und Rückenmuskeln sehr deutlich und mit denen des Menschen vergleichbar.

Funktionslinien

Als erstes kannst du dir das sichtbar machen, indem du noch einmal Funktionslinien klebst. Diesmal klebe eine schräge Linie entlang des breiten

Situation	Spannungszustand langer Rückenmuskel	Spannungszustand breiter Rückenmuskel
Ich reite Schulterherein.		
Mein Pferd spitzt die Ohren und schaut sehr aufmerksam nach vorne.		
Von hinten kommt ein Auto und mein Pferd will flüchten.		
Ich reite einen Mitteltrab.		
Ich reite einen Übergang vom Trab zum Schritt.		

Situation	Spannungszustand lange Bauchmuskeln	Spannungszustand schräge Bauchmuskeln
Ich reite Schulterherein.		
Mein Pferd spitzt die Ohren und schaut sehr aufmerksam nach vorne.		
Von hinten kommt ein Auto und mein Pferd will flüchten.		
Ich reite einen Mitteltrab.		
Ich reite einen Übergang vom Trab zum Schritt.		

Rückenmuskels und beobachte, wie die Linie sich verändert, wenn das Pferd sich bewegt. Der breite Rückenmuskel wird wie beim Menschen in die Länge gedehnt, wenn das Pferd das Vorderbein anhebt und vortritt. Bild 3-2-20

Bild 3-2-21
Dann klebe eine Funktionslinie, die die drei markanten tastbaren Knochenpunkte des Beckens, den Hüfthöcker (A), den Kreuzhöcker (B) und den Sitzbeinhöcker (C) auf einer Pferdeseite verbindet.

Nun kannst du in der Pferdebewegung sehen, wie sich das Becken des Pferdes bei jedem Schritt oder Trabtritt bewegt. Wird wie in dieser Phase auf dem Bild das Hinterbein nach vorne geführt, spannen die Bauchmuskeln (blauer Pfeil) an und der lange Rückenmuskel (gelber Pfeil) lässt sich entspannt in die Länge dehnen.
Auf der anderen Pferdeseite ist es in dieser Phase genau anders herum, der Bauchmuskel entspannt und der lange Rückenmuskel (bzw. die lange Muskelkette) spannt an und zieht das Hinterbein zurück.

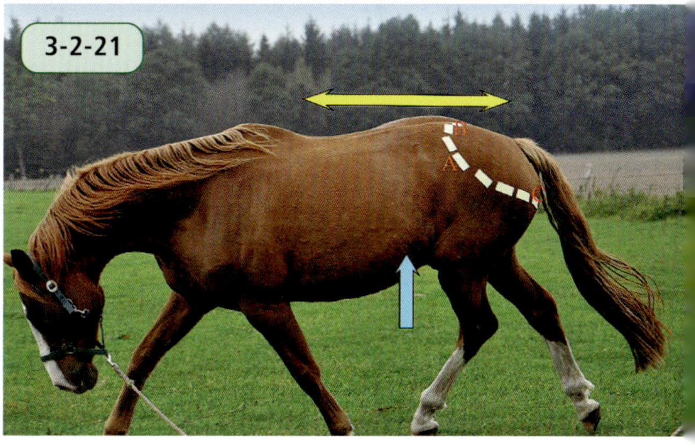

Wenn du dich in die Muskelbewegungen des Pferdes einfühlen willst, stell dir einfach vor, es wäre ein Mensch in gebückter Haltung. Die sich gegenseitig beeinflussenden Mechanismen sind absolut vergleichbar.

Bild 3-2-22
Auf dem nächsten Bild stellen Claudia mit einem Hundeskelett, Steffi mit dem menschlichen Skelett und Cornelia mit Mogli das Ganze auch visuell deutlich dar.

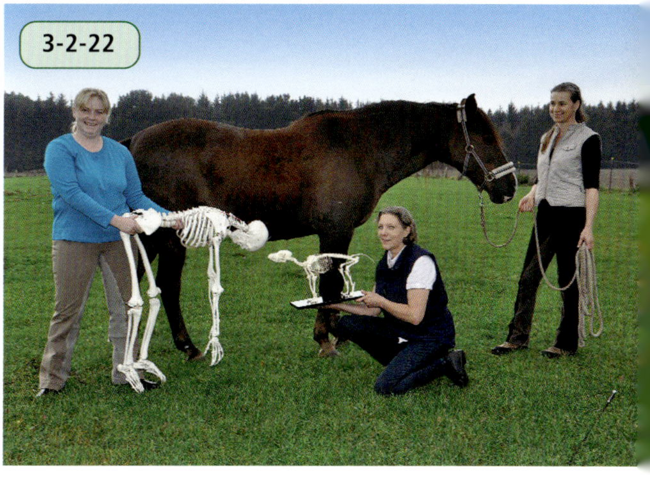

3-2-22a

3-2-23

Fühlübungen

Bitte jemanden, das Hinterbein deines Pferdes anzuheben und die Bewegung zu simulieren. Lege gleichzeitig eine Hand auf den Hüfthöcker und fühle, wie sich das Becken bewegt.
Wird das Hinterbein nach vorne bewegt, kippt das Becken etwas nach oben/hinten, wird das Bein zurück geführt, kippt das Becken wieder zurück in die Ausgangslage.

Beobachte die Lendenwirbelsäule. Die Beckenbewegung ist nur möglich, wenn sich die Lendenwirbelsäule aufwölben kann.
Bild 3-2-22a

Nächste Übung auf dem Pferd: Lass dein Pferd von jemandem führen und lege gleichzeitig die Hände auf die eben besprochenen Muskeln. Fühlst du, wie sich die Muskeln unter deinen Händen dehnen, wenn das Pferd vortritt?

Fühle, welche Muskeln sich dehnen lassen, wenn ein Vorderbein vortritt und fühle, welche Muskeln sich dehnen lassen, wenn ein Hinterbein vortritt.
Bild 3-2-23

Du kannst das auch gut fühlen, wenn ein Stallkollege die Bewegung einer Vordergliedmaße wie eine Dehnungsübung mit deinem Pferd ausführt, während du die Hände auf diesem Muskelbereich liegen lässt. Bilder 3-2-24 und 3-2-25

Suche auch einmal bei dir den »Hüfthöcker« und die Sitzbeinhöcker und fühle mit den Händen, wie sich dein Becken bewegt und deine Muskeln in den Spannungszuständen wechseln. Genauso wie beim Pferd, nicht wahr? Bild 3-2-26

Auf den folgenden Bildern siehst du, wie ich in meinen Seminaren verdeutliche, dass Pferdemuskeln und Menschenmuskeln vergleichbar arbeiten.

3-2-24

3-2-25

3-2-26

3-2-27

Mache diese Übungen mit und du kannst besser verstehen, wie dein Pferd auf die reiterliche Einwirkung reagiert.

Bild 3-2-27
Wenn das Pferd mit zu tiefer Hals-Kopfhaltung geht, wird der gesamte Rücken aufgewölbt. Der lange Rückenmuskel wird konstant gedehnt und schmerzt nach einer

Weile. Das sieht dann unter dem Reiter so aus wie auf der folgenden Zeichnung.

Bild 3-2-27a
Das Pferd wird dazu gezwungen, mit sehr tiefer Hals- und Kopfhaltung zu laufen. Die Hinterhand wird daran gehindert, ihre Antriebskraft zu nutzen. Das Pferd belastet übermäßig seine Vorhand. Die Hinterhand entwickelt keine oder zu wenig Tragkraft. Soll ein Pferd aus dieser Haltung heraus später versammelt die Hinterhand als tragende Kraft nutzen, wird es sich überfordert fühlen und sich wehren.

Bild 3-2-28
Wenn das Pferd den langen Rückenmuskel anspannt und ein Hohlkreuz macht, weil beispielsweise der Reiter nicht weich genug sitzt, wird auch das Becken nach vorwärts gekippt und die Hinterhandbewegung eingeschränkt. Ein Pferd, das sich so unter dem Reiter bewegt, bekommt schnell Schmerzen im Bereich der Lendenwirbelsäule.

Bild 3-2-28a
Das Pferd spannt seinen langen Rückenmuskel abwehrend an und kommt ins Hohlkreuz. Die meisten Reiter versuchen dann das Problem zu lösen, indem sie Zwangsmittel (z. B. Schlaufzügel, schärfere Gebisse, Kandaren, Ausbindezügel) einsetzen. Durch solche Zwangsmittel wird allerdings nur der Kopf und Hals beeinflusst, der Körper und die Hinterhand bewegen sich nicht anders, der Reiter betrügt sich selber.

3-2-27a

3-2-28a

3-2-28

Bild 3-2-29
Durch diese kleine Übung wird es noch mal ganz deutlich: Je weiter das Pferd mit den Beinen unter den Körper treten soll, desto mehr muss sich der lange Rückenmuskel dehnen lassen. Wenn dann ein Reiter beim falsch verstandenen »Kreuzanspannen« die Gesäßknochen in den Rücken drückt, braucht er sich nicht zu wundern, dass das Pferd den Kopf hochreißen will, anstatt mit den Hinterbeinen Tragfähigkeit zu entwickeln.

Bild 3-2-30
Wenn das Pferd galoppieren, sich biegen oder seitwärts gehen soll, müssen die schrägen Bauchmuskeln aktiv werden. Vor allem beim Seitengang ist es ganz wichtig, dass die schrägen Bauchmuskeln der einen Seite anspannen und gleichzeitig die schrägen Bauchmuskeln der anderen Seite entspannen müssen, damit die Lendenwirbelsäule auch in eine Biegung gezogen werden kann. Agiert der Reiter mit Sporen im falschen Moment auf der falschen Seite (er piekst also in den Muskel, der gerade entspannen soll), ist das Pferd in der Ausübung der Lektion massiv behindert.

Bild 3-2-31
Je besser der Reiter seine Bauchmuskeln koordinieren kann, desto leichter ist das Reiten von Seitengängen aller Art. Erinnere dich auf dem Pferd an deine eigenen Fühlerberlebnisse, wenn du das nächste Mal seitwärts reiten willst.

Weitere Fühlübungen auf dem Pferd

Bild 3-2-32 (Seite 74)
Setze dich wieder auf dein Pferd. In welchen Momenten sind die schrägen Bauchmuskeln angespannt? In welchen Momenten ist jeweils auf einer Körperseite der lange Rückenmuskel angespannt? In welchen Momenten ist der breite Rückenmuskel angespannt? Die geraden Bauchmuskeln des Pferdes kannst du so natürlich nicht mit den Händen fühlen, aber du kannst dir vorstellen, dass das Pferd seine Bauchmuskeln genauso wie du benutzt.

Bild 3-2-33
So kannst du gut fühlen, wie das Pferd sein Becken bewegt und die Lendenwirbelsäule aufgewölbt wird. Lege deine Hand auf die Kreuzbeinhöcker des Pferdes. Hilfreich ist es am Anfang, wenn jemand mit geht und dir sagt, welches Pferdebein gerade vor tritt, später fühlst du das auch selbst.

Bild 3-2-34
Sehr deutlich fühlt man schon im langsamen Schritt die Dehnung des langen Rückenmuskels in der Lende. Wenn man sich dann vorstellt, wie sehr diese Dehnung verstärkt werden muss, wenn das Pferd beispielsweise einen raumgreifenden Mitteltrab zeigen soll, erkennt man, wie wichtig es ist, dass der Reiter sein eigenes Becken sehr kontrolliert und weich bewegen muss, um nicht zu stören.
Gerade bei der Trabverstärkung bewegen sich viele Reiter mit ihren Pferden in einem Teufelskreis. Das Pferd rennt nur, weil der Reiter so unangenehm sitzt und der Reiter kann nicht sitzen, weil das Pferd so rennt und den langen Rückenmuskel anspannt. So kann nie ein schöner Mitteltrab entstehen.

Bild 3-2-35
Was ist der Unterschied zwischen Geradeausreiten und einer Wendung? Wie bewegen sich deine Muskeln seitwärts? Hier sitzt Christina auf dem Pferd und versucht zu

fühlen, was passiert, wenn das Pferd sich biegt und sie selbst ihre schrägen Bauchmuskeln nicht anspannt: Sie knickt sofort in der Hüfte ein. Richtig ist es, wenn sie in dieser Phase genauso wie das Pferd die inneren (hier linken) schrägen Bauchmuskeln arbeiten lässt.

Bild 3-2-36 (Seite 76)
Hier lasse ich das Pferd durch unser Stimmkommando aus der Bodenarbeit im Schulterherein gehen. Christina kann dabei üben, konzentriert ihre schrägen Bauchmuskeln arbeiten zu lassen – ohne die geraden Bauchmuskeln konstant anzuspannen –, um im Gleichgewicht sitzen zu bleiben.
Wäre das Pferd jetzt in Traversstellung, müsste Christina noch viel stärker bei jedem Seitwärtsschritt des Pferdes beidseitig abwechselnd die schrägen Bauchmuskeln anspannen.

Nachdem du alles ausprobiert hast, überlege noch mal, bei welchen Bewegungen die Muskeln deines Pferdes und deine eigenen gleichzeitig auf gleiche Weise agieren:

Pferd und Reiter:
gerade Bauchmuskeln spannen an.

Pferd und Reiter:
schräge Bauchmuskeln spannen an.

Pferd und Reiter:
lange Rückenmuskeln spannen an.

Pferd und Reiter:
breite Rückenmuskeln spannen an.

Pferd und Reiter:
einseitig schräge Bauchmuskeln spannen an.

Sinnvolle Maßnahmen für das Pferd

Massage

Massiere mittels Streichungen und dem Hobelgriff die breiten Rückenmuskeln auf beiden Körperseiten deines Pferdes. Wenn dein Pferd das lieber hat, kannst du auch statt des Hobelgriffes den Harkengriff benutzen. Bilder 3-2-37 und 3-2-38

Massiere die Bauchmuskeln deines Pferdes mit dem Harkengriff oder dem Hobelgriff.
Falls dein Pferd das nicht mag, hat es eventuell Verspannungen in den Bauchmuskeln. Dann solltest du mit Hautverschiebungen arbeiten. Hierfür legst du, wie auf den beiden rechten Bildern Seite 77 zu sehen ist, die flache Hand auf das Fell und verschiebst die Haut nach rechts, nach links, nach oben und nach unten. Diese Bewegungen macht man sehr langsam und ohne Druck. Denke daran, alle Massagegriffe regelmäßig mit ausgiebigen Streichungen abzuwechseln. Bild 3-2-39 und Bild 3-2-40

Krafttraining für das Pferd

Pferde sind von der Natur nicht dafür vorgesehen, das zusätzliche Gewicht eines Reiters zu tragen. Deshalb sollte jedes Pferd, das einen Reiter tragen soll, die dafür notwendigen Muskeln sorgfältig trainieren.
Als tierphysiotherapeutische Trainingsmethode empfehlen wir zum Training der tragenden Muskeln der Hinterhand isometrische Übungen. Hier-

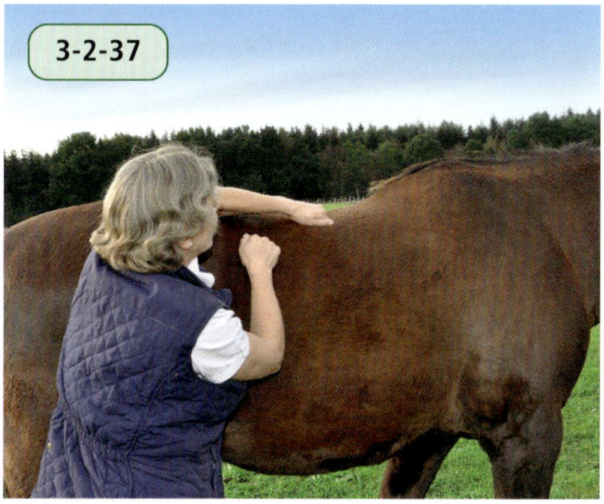
3-2-37

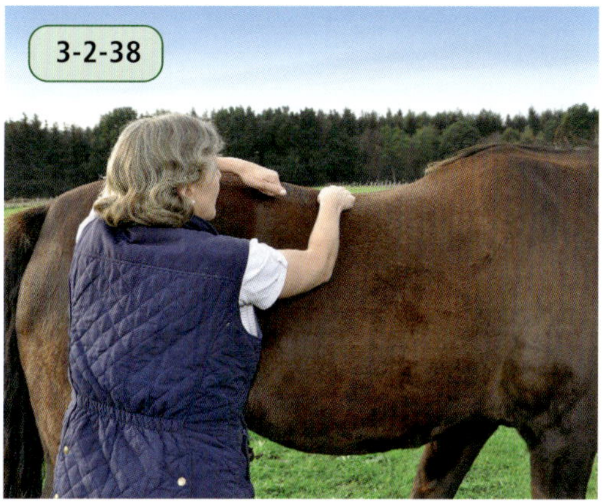
3-2-38

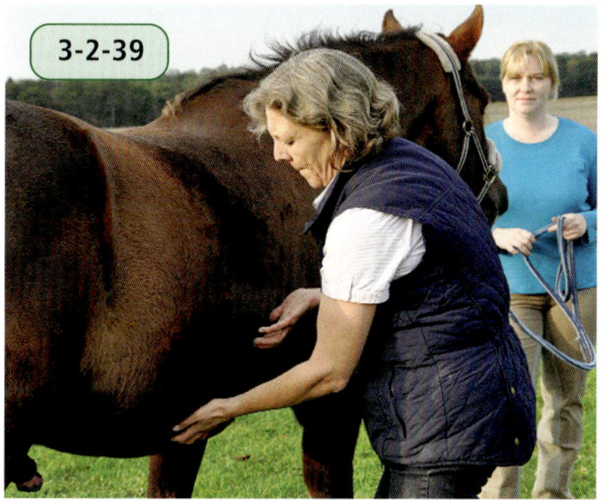
3-2-39

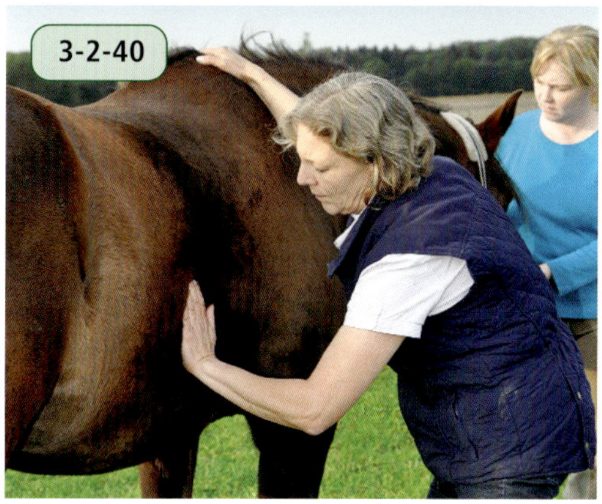
3-2-40

bei werden Muskeln angespannt, ohne den Körper zu bewegen. Dieses Training wirkt sehr effektiv für die Körperstabilität.

So wird's gemacht: Man drückt an verschiedenen Körperstellen gegen den Pferdekörper und das Pferd drückt zurück und trainiert dadurch wichtige Haltemuskeln. Wichtig ist es, den Druck sehr langsam aufzubauen, dann ca. 15 bis maximal 20 Sekunden zu halten und langsam wieder abzubauen. Steffi macht es auf den folgenden Bildern vor:

Bild 3-2-41 (Seite 78)

Beginne seitlich am Pferd. Suche dir eine flache Stelle am Schulterblatt und beginne, langsam Druck aufzubauen. Das Pferd wird beginnen, dagegenzudrücken und trainiert so wichtige Haltemuskeln im Bereich der Schulter. Geh dann weiter nach hinten und übe Druck auf den Brustkorb aus. Anschließend folgt Druck auf den Hüfthöcker. Du kannst die Übungen mehrmals wiederholen, denke aber daran, nie länger als maximal 20 Sekunden Dauerdruck auszuüben. Trainiere beide Pferdeseiten gleichmäßig, keinesfalls eine mehr als die andere. Falls dein Pferd dem Druck ausweicht, hast du

wahrscheinlich zu schnell Druck aufgebaut, so dass dein Pferd dachte, es solle weichen. Erhöhe den Druck so langsam, dass das Pferd es kaum bewusst wahrnimmt. Hilfreich kann es sein, die ersten Trainingseinheiten neben einer Wand zu machen, so dass das Pferd nicht weichen kann. Wenn das Pferd dagegendrückt: loben und Leckerli geben, damit es versteht, dass das der Sinn der Übung ist.

BIld 3-2-42
Nach den Körperseiten folgen isometrische Übungen an der Hinterhand. Hierfür führst du Druck gegen den Sitzbeinhöcker des Pferdes in gedachter Linie Richtung Widerrist aus. Dadurch werden alle Muskeln trainiert, die am Schub- und Tragevorgang der Hinterhand beteiligt sind und die also sehr viel arbeiten müssen, wenn sich das Pferd versammeln soll.

Achtung!

Wenn man mit einem Pferd ausgiebig isometrische Übungen macht, sollte man dafür sorgen, dass das Pferd auch häufig seine Bewegungsmuskeln ordentlich arbeiten und dehnen lässt. Hierfür eignet sich ein freier Renngalopp auf einer großen Weide am besten.

Sinnvolle Maßnahmen für den Reiter

Du musst lernen, deine Rückenmuskeln und deine Bauchmuskeln jeweils einzeln und unabhängig voneinander zu benutzen. Sobald Stress oder Angst entsteht, ist das unmöglich, der Körper

schützt sich instinktiv durch Anspannen aller Muskeln vorne oder hinten.
Welche Gefühle helfen dir, deinen Körper so zu bewegen? Welche Gefühle hindern dich daran, diese Muskeln unabhängig voneinander zu bewegen? Wann und warum stellen sich diese störenden Gefühle auf dem Pferd ein? Meistens spielt hier das Thema Angst eine große Rolle.
Viele Reiter benutzen den breiten Rückenmuskel und die schrägen Bauchmuskeln zu wenig. Sollte das bei dir auch der Fall gewesen sein, ist es möglich, dass das Kräfteverhältnis zwischen den langen und schrägen Muskeln nicht mehr ausgeglichen ist. Dann solltest du spezielle Übungen zur Kräftigung des breiten Rückenmuskels und der schrägen Bauchmuskeln machen.
Der lange Rückenmuskel muss bei den meisten Reitern nicht extra trainiert werden. Wer aber zu einem Hohlkreuz neigt und Probleme damit hat, das Becken zu kippen, hat wahrscheinlich zu schwache gerade Bauchmuskeln und sollte diese trainieren. Einige Übungen für die Bauchmuskeln haben wir ja schon vorgestellt. Zusätzlich kannst du als Mensch auch isometrische Übungen machen. Tolle Trainingsmöglichkeiten für die Stabilität des ganzen Körpers bieten außerdem asiatische Kampfsportarten (Karate, Judo, Aikido, Tai Chi). Reiter, die solche Sportarten aktiv betreiben, können in aller Regel sehr gut und weich sitzen.

Bild 3-2-43
Hier versuche ich, einen Baum zur Seite zu schieben und trainiere damit meine Haltemuskeln. Man kann auch zu zweit gut isometrische Übungen machen, indem einer den anderen zur Seite schieben will.

Warum brauchen Reiter Kraft?
Dieses Buch soll dir helfen, harmonisch, weich und schön zu reiten, damit du und dein Pferd die gemeinsame Zeit angenehm empfindet. Leichte Hilfen und keine Krafteinwirkung sind ein Muss. Trotzdem brauchen Reiter viel Kraft.
Erinnere dich daran, wie es sich anfühlt, in einem Auto zu sitzen, wenn plötzlich Vollgas gegeben und hart gebremst wird. Man muss aufpassen, dass man nicht mit dem ganzen Körper hin und her geschleudert wird. Auch das Pferd hat einen starken Motor, der dich und deinen Sitz auf dem Pferd mit viel Energie und Schwung beeinflusst.
Claudia und ich spielen auf dem Bild Seite 80 nach, was bei vielen Reitern gutes Reiten verhindert. Wenn ich die Hinterhand des Pferdes simuliere und mit viel Schwung unter den Körper trete, um einen ordentlichen Mitteltrab zu machen, wird die Lendenwirbelsäule des Pferdes mit viel Kraft und Schwung angehoben. Der Reiter darf dann auf

keinen Fall mit nach vorne fallen oder sich – wie Claudia es hier macht – steif machen, um genau das zu verhindern.

Nein, er braucht so viel Kraft in seinen Haltemuskeln, dass er den Schwung aus der Pferdelendenwirbelsäule mit dem Becken weich auffangen kann, ohne mit dem Oberkörper aus dem Gleichgewicht zu kommen. Der Reiter muss in der Lage sein, sich kontrolliert auf dem Pferd zu bewegen, egal was das Pferd gerade macht. Bild 3-2-44

Merke!

Wer wenig Kraft hat, muss sich steif machen und kann nicht harmonisch und weich reiten!

3.3 Becken und Bein

Der Mensch

1. Fühlübung

Stell dich wieder gerade und ungezwungen hin. Nun lege deine Hände auf die Hüftknochen. Hebe einen Fuß und schwinge ein Bein locker hin und her. Kannst du das Bein schwingen lassen, ohne das Becken zu bewegen? Bilder 3-3-1 und 3-3-2

Bild 3-3-3

Nein, kann man nicht. Die Beine sind durch ein Kugelgelenk im Becken so befestigt, dass keine unabhängige Bewegung möglich ist. Beim Skelett sieht es nicht ganz so aus, da die Verbindung durch Schrauben hergestellt wurde. In Wirklichkeit aber sitzt der Gelenkkopf in der Gelenkpfanne und ist rundherum durch Bänder und Muskeln fest

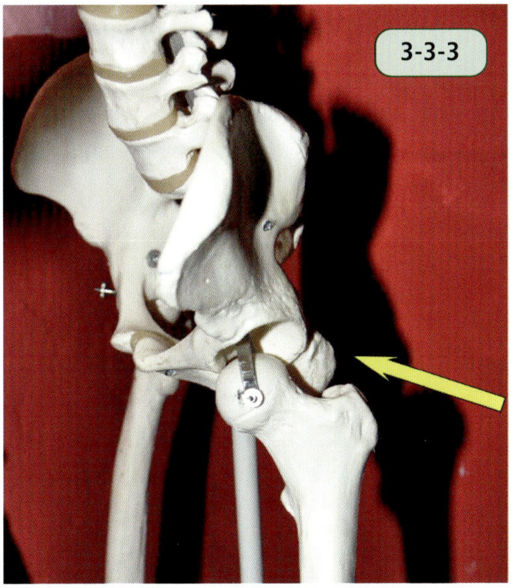

verbunden. Beweglich wäre alles, wenn der Oberschenkel wie bei einer Marionette locker im Becken hängen würde. Dann allerdings könnten wir gar nicht stehen, geschweige denn laufen. Das geht nur, weil das Becken und die Beine so miteinander verbunden sind, dass hier Stabilität erzeugt werden kann.

2. Fühlübung

Stell dich wieder gerade und ungezwungen hin. Lege wieder deine Hände auf die Hüftknochen. Nun versuche, das Becken nach vorne und hinten zu kippen, ohne die Wirbelsäule mit zu bewegen. Diese Übung kommt dir vielleicht aus dem letzten Kapitel schon bekannt vor. Bilder 3-3-4 und 3-3-5 (Seite 82)

Auch das ist nicht möglich, nicht wahr? Das Becken ist durch ein stabiles Bandsystem fest mit der Wirbelsäule verbunden. Die Verbindungsstellen vom Becken und der Wirbelsäule sind die Iliosakralgelenke (Kreuz-Darmbein-Gelenke = die gelben Pfeile auf den Bildern 3-3-3 und 3-3-6).

3-3-4

3-3-5

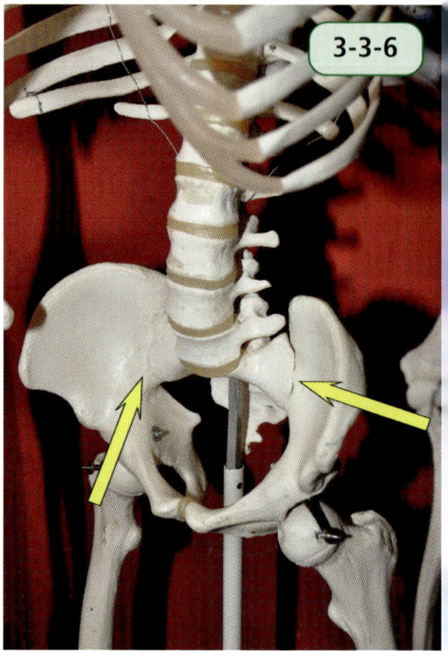
3-3-6

Auch hier ist es so, dass die Verbindung sehr stabil sein muss, damit der Mensch stehen und laufen kann. Wäre die Verbindung lose, könnten wir wohl nur »robben«. Sobald wir versuchen würden, uns hinzustellen, würde wir in uns zusammensacken.
Sei also immer misstrauisch, wenn jemand dir erzählt, deine ISG (Kreuz-Darmbein-Gelenke) müssten mobilisiert werden. Bei falscher Manipulation werden die Bänder hier gelockert und die Körperstabilität ist gefährlich gestört. Bilder 3-3-6 und 3-3-7

3. Fühlübung
Kannst du das Becken ohne die Oberschenkel bewegen? Nein, auch das geht nicht.
Erinnere dich an Übung 1 und vergleiche mit dieser Übung. Es ist also so, dass hier eine dreifache Abhängigkeit besteht: Beine, Becken und Wirbelsäule sind so miteinander verbunden, dass sich kein Teil ohne die anderen beiden bewegen kann. Erkläre diese Zusammenhänge deinem Reitlehrer, wenn er das nächste Mal schimpft, dass du die Beine ruhiger halten solltest. Auch dieser Umstand liegt daran, wie der Oberschenkel am Becken befestigt ist. Nur weil das so ist, können wir überhaupt auf dem Pferd sitzen und das Becken bewegen, ohne die Beine schwingen zu lassen.

!

Merke!

Wenn man auf dem Pferd sitzt, müssen die Oberschenkel locker hängen, damit sie sich mit bewegen können, wenn das Becken sich der Pferdebewegung anpasst.
Klammert man sich mit den Beinen fest oder gehorcht man einem Reitlehrer, der schreit »Knie ran!«, blockiert man das Becken und behindert das Pferd in seiner Bewegung.

Wir Menschen stehen gerade und aufrecht und die eben bereits ausgeführten Übungen zeigen dir, dass es nicht möglich ist, das Becken zu bewegen und dabei die Beine (Oberschenkel) ruhig zu halten.

Es ist also eigentlich schon sehr seltsam, dass in allen Reitlehren steht, man soll auf dem Pferd die Beine ruhig halten und gleichzeitig im Becken ordentlich beweglich sein. Diese Zusammenhänge sind enorm wichtig.

Fülle untenstehende Tabelle aus, um dir die Zusammenhänge noch mehr zu verdeutlichen.

Welche Gefühle beeinflussen die Muskelzustände? Was verändert sich, wenn ich auf dem Pferd:

- die Beine fester anlege, damit ich nicht herunterfalle, wenn das Pferd scheut? Ich werde fest im Becken und das Pferd empfindet meinen Sitz als hart und unangenehm. Die geschlossenen Beine engen es ein und es wird noch mehr zum Scheuen neigen und unzufrieden werden.

- den Rücken gerader mache, damit ich nicht herunterfalle, wenn das Pferd bockt? Das Pferd empfindet meinen Rücken als unangenehm hart und wird noch mehr bocken.

Bewegung	Hier wird mein Muskelfleisch fest, weil es anspannt	Hier ist alles weich und entspannt	Hier werden entspannte Muskeln gedehnt
Ich stehe und schwinge mit einem Bein locker vor und zurück.			
Ich stehe und bewege mein Becken locker vor und zurück.			
Ich sitze auf dem Pferd und reite Schritt, mein Becken passt sich der Pferdebewegung an.			
Ich sitze auf dem Pferd und trabe leicht.			
Das Pferd trabt und ich sitze aus.			

instinktiv die Gesäßmuskeln anspanne, um fluchtbereit weglaufen zu können? Das Pferd empfindet meinen Rücken als unangenehm hart und wird erst recht flüchten wollen.

Die Zusammenhänge sind viel weitreichender als man sich das eigentlich so vorstellt, nicht wahr? Deshalb hier noch einmal eine Zusammenfassung: Das Becken und die Oberschenkel sind die direkte Verbindung zum Pferderücken. Unsere Oberschenkel sind am Becken beweglich befestigt. Das Becken ist am Kreuzbein, also an der Wirbelsäule unbeweglich befestigt.

Das bedeutet: Wenn du dein Becken nach vorne oder hinten kippen willst, darfst du nicht denken: »Ich will mein Becken bewegen«, sondern du musst denken: »Ich will meine Lendenwirbelsäule bewegen und brauche dafür meine geraden Bauchmuskeln.«
Wenn du deine Beine ruhig halten willst, darfst du nicht denken: »Ich muss meine Beine ruhig halten«, sondern du musst denken: »Ich muss meine Beine entspannt hängen lassen«, damit sie die Beckenbewegungen nicht behindern.

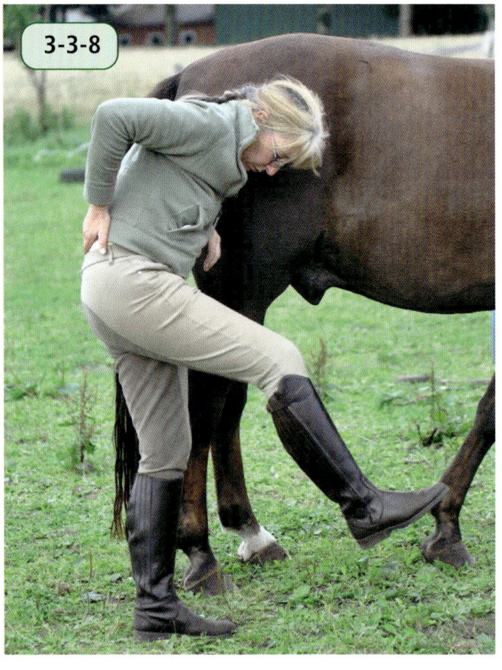
3-3-8

Das Pferd

Bild 3-3-8
Um beim Pferd effektive Fühlerlebnisse zu haben, müssen wir uns erst einmal ausgiebig mit der Anatomie der Hinterhand beschäftigen. Auch hier finden wir wieder große Ähnlichkeiten zur Anatomie des Menschen, aber auch einen sehr wichtigen Unterschied.

Bild 3-3-7
Das Becken ist mit der Lendenwirbelsäule genauso wie bei uns Menschen über die Iliosakralgelenke verbunden. Du kannst dieses Bild einfach umdrehen, und du hast die Beckenregion des Pferdes perfekt dargestellt. Das Einzige was jetzt nicht stimmt, ist die Lage der Oberschenkel.

Bild 3-3-9
So ist es der perfekte Vergleich: Die Oberschenkel liegen im 90-Grad-Winkel zum Becken. Hierdurch ist eine ganz andere Hebelwirkung in diesem Bereich vorhanden, als das bei uns aufrecht gehenden Menschen der Fall ist. Die Abhängigkeiten der Beweglichkeit zwischen Oberschenkel, Becken und Lendenwirbelsäule sind noch größer. Alle drei Knochengebiete sind durch

Muskeln miteinander verbunden und stehen in funktioneller Abhängigkeit zueinander. Beim Hufeaufheben merkst du jeden Tag, dass Sprunggelenk, Kniegelenk und Hüftgelenk beim Pferd nicht einzeln beweglich sind.

Wenn also der Reiter die Beweglichkeit der Lendenwirbelsäule stört oder behindert, behindert er damit die gesamte Gliedmaßenaktion der Hinterhand, also auch das Untertreten für die Versammlung.

Zusammenfassung

Die Anatomie im Bereich Lendenwirbelsäule – Becken – Oberschenkel ist bei Pferd und Mensch fast identisch. Auch beim Pferd ist es so, dass das Becken nicht selbstständig beweglich ist, sondern nur durch Bewegung der Lendenwirbelsäule mitbewegt wird. Auch hier ist es so, dass die Verbindungsstelle zwischen Becken und Wirbelsäule, das Iliosakralgelenk, fest miteinander verbunden ist, um die Schubübertragung zu ermöglichen, und auch hier ist es so, dass du einem Therapeuten oder Chiropraktiker gegenüber sehr misstrauisch sein solltest, wenn er dir erzählt, die Iliosakralgelenke bei deinem Pferd müssten mobilisiert werden. Mobilität in diesen Gelenken hätte fatale Folgen auf die Schubübertragung aus der Hinterhand auf den Körper.

Der große Unterschied zur menschlichen Anatomie besteht darin, dass das Pferd ständig mit gebeugten Beinen dasteht und nicht wie der Mensch mit geraden Beinen. Beim Menschen liegt der Körperschwerpunkt direkt über den Beinen, beim Pferd hängt der Körperschwerpunkt zwischen den Hinterbeinen und den Vorderbeinen. Das Pferd muss gebeugte Hinterbeine haben, damit es dieses hängende Körpergewicht tragen kann. Wenn das Pferd im Rücken und speziell in der Lendenwirbelsäule ein Hohlkreuz bekommt, wird das Becken gekippt und die Hinterhand steht nicht mehr im Lot unter dem Körper. Jede gesunde

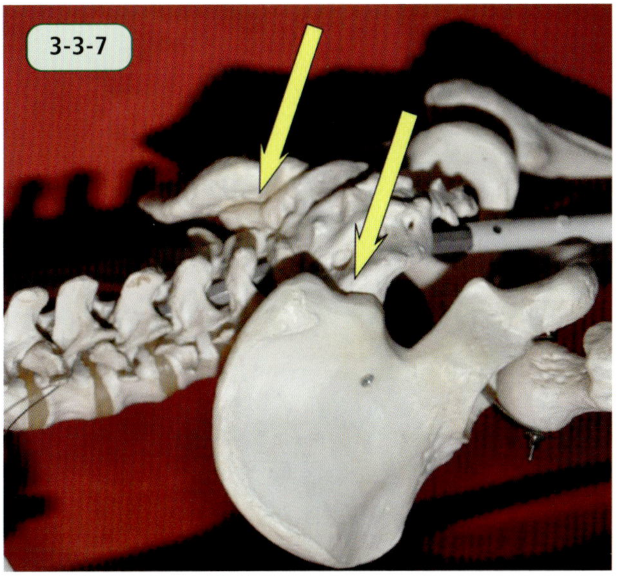
3-3-7

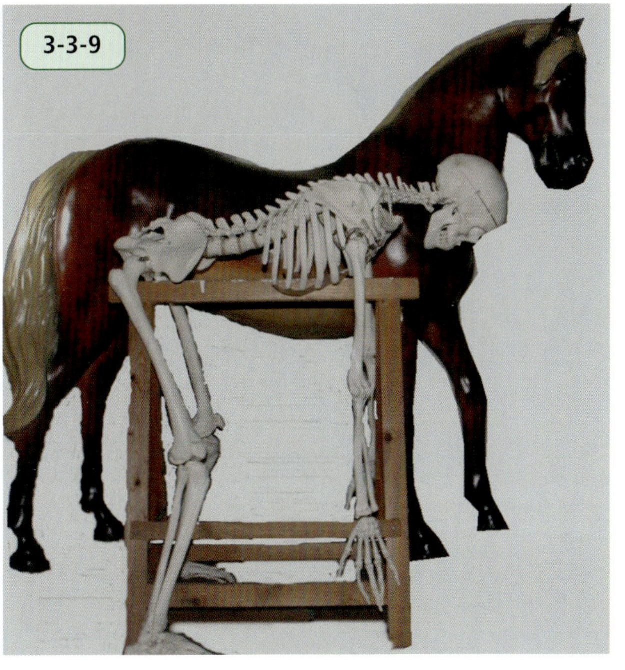
3-3-9

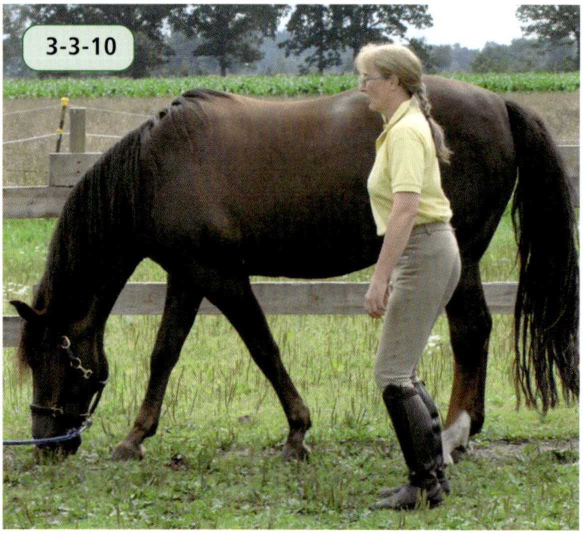

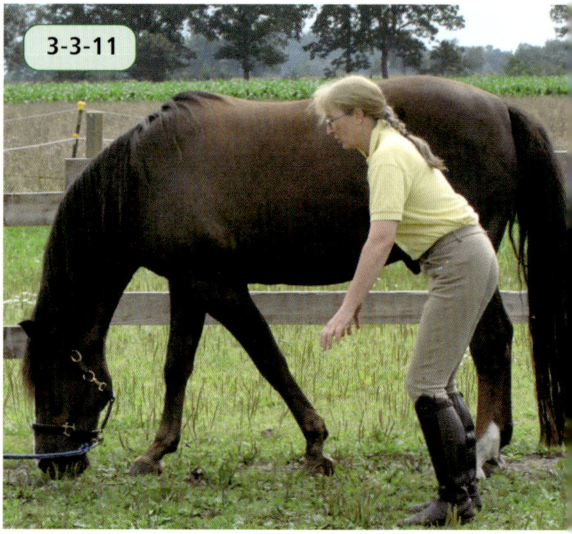

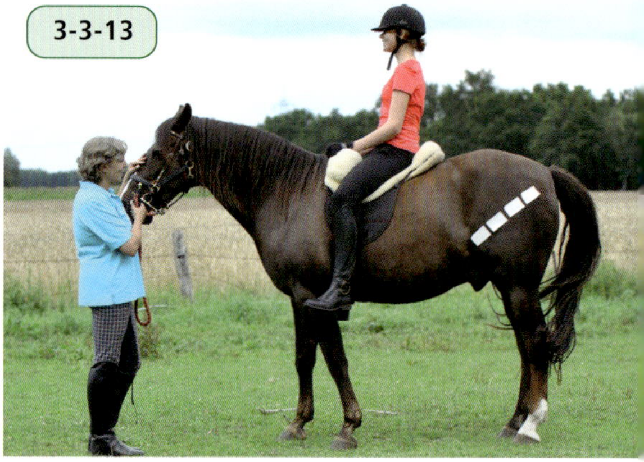

Schubübertragung ist massiv behindert und das Pferd kann große gesundheitliche Probleme in alle beteiligten Gelenken bekommen.
Die Zusammenhänge werde dir deutlich, wenn du folgende Übung machst:
Stell dich ins Hohlkreuz und beuge dann ganz allmählich den Oberkörper nach vorne. Fühle dabei, wie sich das Gewicht deines Körpers verlagert. Je weiter du dich nach vorne lehnst, desto instabiler wirst du, wenn du die Beine dabei gerade lässt und schließlich würdest du nach vorne fallen, nicht wahr?
Nur wenn du wie auf dem Bild 3-3-11 die Beine beugst, kannst du den Oberkörper nach vorne verlagern, ohne zu fallen. (Bilder 3-3-10 und 3-3-11)

Aus dem gleichen Grund hat das Pferd gebeugte Beine. Wird die Hinterhand zu gerade gestellt, weil das Pferd ein unnatürlich gekipptes Becken verursacht durch ein Hohlkreuz hat, muss die Vorhand die gesamte Last des Körpers tragen. Dadurch werden die Gelenke der Vorhand überlastet und können krank werden. Die häufigste Diagnose ist dann: Podotrochlose (chronische Hufrollenentzündung).

Bild 3-3-12
Und noch mal zur Erinnerung (siehe Kapitel 3.1): Wenn ich versuche, meinen Körper zu beugen und den Rücken dabei gerade zu halten, geht das nur sehr schwer. Wenn ich ein richtiges Hohlkreuz mache, geht es gar nicht. Beim Pferd ist es genauso!

Denke also auf dem Pferd immer daran, dass das Pferd nie daran gehindert werden darf, die Lendenwirbelsäule aufzuwölben!

Gemeinsam – Während des Reitens

Bild 3-3-13
Wenn du auf dem Pferd sitzt, befindet sich der Oberschenkel des Pferdes parallel auf gleicher Höhe neben deinem angewinkelten Oberschenkel. Auf diesem Bild siehst du die Lage des Oberschenkels des Pferdes als gestrichelte Funktionslinie aufgeklebt.

Bild 3-3-14
Mach die Übung nach, die Cornelia, Claudia und Isabell hier zeigen. Lass jemanden das Pferdebein anheben, während du fühlst, wie sich der Rücken und der Oberschenkel des Pferdes bewegen. Erinnere dich noch einmal an deine eigenen Fühlerlebnisse und die Funktionslinien auf dem Pferd. Nun wird dir bewusst, dass du und dein Pferd die gleichen Beckenbewegungen machen.

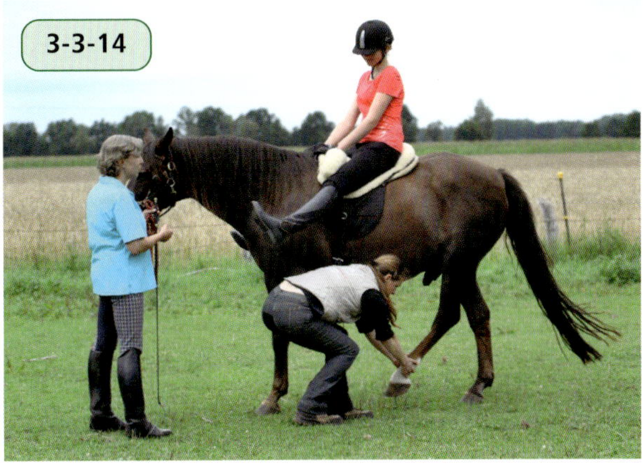

Bild 3-3-15
Nun reite im Schritt. Fühle in der Bewegung, wie hinter dir (nicht unter dir!) die Bewegungen des Pferdeoberschenkels den Pferdekörper mit dir nach vorne schieben. Lasse deine hängenden Beine einfach locker mit nach vorne schieben. Denke immer daran, wenn du auf dem Pferd sitzt. Stell dir die Anatomie vor deinem inneren Auge vor und denke daran, dass du die Bewegungen nicht behindern darfst.

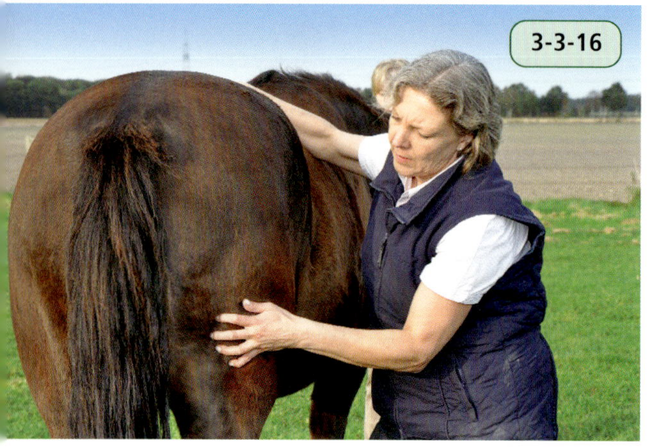

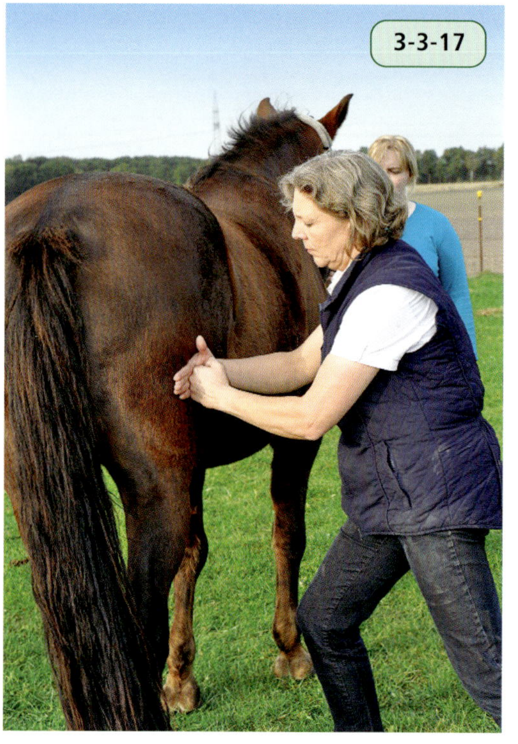

So weit, so gut. Im Schritt kann man das alles toll nachfühlen und sich weich der Pferdebewegung anpassen. Trabt man dann an, geht das nicht mehr so einfach. Wie kommt das?
Es geht hier nicht nur um Beweglichkeit, sondern – und das ist sehr wichtig – um sehr präzise gesteuerte Beweglichkeit! Im Schritt entwickelt das Pferd keinen Schwung und es ist leicht, sich der Bewegung anzupassen, im Trab aber entwickelt das Pferd Schwung und es geht nicht mehr nur noch darum, das Becken weich zu bewegen, sondern auch noch darum, die Energie, den Schwung des Pferdes aufzufangen, wie schon im letzten Kapitel beschrieben.

Auch für die ruhige Lage der Beine am Pferd sind nicht die Beine zuständig, sondern der Oberkörper, der – wir erinnern uns – gleichzeitig stabil und kontrolliert weich beweglich sein muss.

Zusammenfassung:
Das Pferd entwickelt Schwung und du musst dich einerseits diesem Schwung anpassen, darfst dich aber andererseits nicht davon »wegschleudern« lassen.

Du musst so viel Körperstabilität entwickeln, dass du diesen Schwung des Pferdes auffangen und gefühlvoll und harmonisch wieder abgeben kannst. Deine Schultern und dein Brustkorb sollten unbeweglich wirken, während deine Lendenwirbelsäule dein Becken so bewegt, dass du dich der Pferdebewegung anpassen kannst. Die Beine können dann einfach hängen und werden weich am Pferdekörper mitschwingen.

Sinnvolle Maßnahmen für das Pferd

Das Pferd muss sehr kräftige Muskeln in der Hinterhand haben, um sein Körpergewicht in allen Gangarten nach vorne stemmen zu können. Wenn der Reiter darauf sitzt, kommen noch einige Kilogramm mehr dazu. Jedes Pferd, das geritten wird, muss deshalb besonders gut trainierte Muskeln der Hinterhand haben. Du solltest die Muskeln der Hinterhand besonders pflegen, damit sie optimal arbeiten können.

Massage

Bild 3-3-16
Massiere alle Muskeln rund um den Oberschenkel mit dem Harkengriff und tiefen Streichungen. Du kannst auch gerne die Innenseite des Oberschenkels mit massieren. Die meisten Pferde lieben das. Massiere niemals ins Bein hinein, sondern immer nur zur Seite, wie Claudia es hier zeigt.

Bild 3-3-17
Dann kannst du alle Muskeln des Oberschenkels mit Drückungen massieren, das erhöht die Dehnungsfähigkeit und ist gleichzeitig eine isometrische Übung. Nicht vergessen, auch die Drückungen immer wieder mit Streichungen kombinieren.

Bild 3-3-18
Die Muskeln der Kruppe lassen sich am besten durch ordentliche Trommelungen massieren.
Auch das lieben die Pferde sehr.

Kraftaufbau
Das Pferd braucht eine sehr kräftige Hinterhand. Nur wenn die Muskeln hier gut trainiert sind, kann das Pferd sich mit dem zusätzlichen Gewicht eines Reiters ausbalancieren und versammeln. Deshalb solltest du für die Muskeln der Hinterhand die isometrischen Übungen machen und zusätzliche Bodenarbeit, die das Pferd gezielt auf die Versammlung vorbereitet.

Ziel der folgenden Übungen ist es, die Tragfähigkeit der Hinterhand zu steigern. Wenn das Pferd gerade steht und geht, hängt das Körpergewicht zwischen den Beinen, die Beine laufen also neben dem Körper. Als versammelnde Lektionen werden deshalb in der Reiterei die Übungen bezeichnet, die das Pferd dazu bringen, mit den Hinterbeinen nicht mehr neben, sondern unter ihre Körperlast zu treten. Oder um es ganz richtig auszudrücken, das Pferd soll mit einem Hinterbein unter die Last des Körpers und des Reiters treten. Mit beiden Hinterbeinen gleichzeitig kann es das anatomisch gar nicht.
Lektionen, die das Pferd animieren, mit dem Hinterbein unter den Körper zu treten sind alle Übungen, bei denen das Pferd eine gebogene Körperhaltung einnimmt. Hierbei ist ganz wichtig zu beachten, dass die Biegung in der Lendenwirbelsäule stattfinden muss.

Bild 3-3-19
Die Skizze auf Seite 90 zeigt den Pferdekörper von oben. Die gelben Kreise sind die Hufe. Die Hinterbeine treten in Richtung des grünen Pfeils

3-3-19

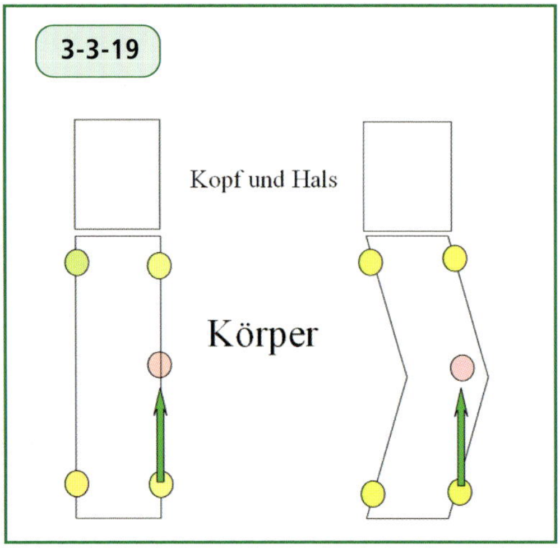

3-3-20

3-3-21

nach vorne und die roten Kreise sind die Trittsiegel beim Auffußen.

Versammelnde Lektionen sind Zirkel, Volten und alle Arten von Seitengängen, bei denen das Pferd nicht gerade gestellt bleibt, wie das Schulterherein und das Travers.

Wird das Pferd bei diesen versammelnde Lektionen im Hals gebogen statt in der Lendenwirbelsäule, bedeutet das, dass der jeweils innere Vorderfuß mehr Gewicht aufnehmen muss. Das ist nicht gesund. Die Vorderbeine sollen ja möglichst entlastet werden.

Bodenarbeit zur Kräftigung der tragenden Muskeln der Hinterhand

Als kräftigende Übungen für die Hinterhand kannst du deinem Pferd beibringen, an der Hand im Schulterherein zu gehen. Mach es so, wie Cornelia es hier demonstriert:

Bild 3-3-20

Cornelia zeigt hier Mogli mit dem rechten Zeigefinger die Richtung der Bewegung und gibt das Stimmkommando »Seit«. Mit der Gerte sorgt sie dafür, dass Mogli fleißig mit den Hinterbeinen agiert. Sie selber geht auch mit ihren Beinen überkreuzend seitwärts vor dem Pferd her.

Bild 3-3-21

Wenn dein Pferd die Übung noch nicht kennt, kannst du es so machen, wie Cornelia es hier zeigt. Du fasst das Pferd am Halfter, damit es im Kopf und Hals weitgehend

3-3-22

3-3-23

gerade gestellt bleibt (was hier noch nicht richtig gelingt). Wichtig ist es, dass du und dein Pferd fleißig mehr vorwärts als seitwärts gehen. Das Pferd soll mit dem inneren Hinterbein möglichst weit diagonal und mehr vorwärts als seitwärts in Richtung des äußeren Vorderbeins treten. Hierbei richtet es sich auch im Hals auf. Wird es im Hals kleiner, belastet es zu sehr die Vorhand und die Übung erfüllt nicht ihren Zweck!

Bild 3-3-22
Achtung! So ist es falsch! Hier hat Cornelia nicht aufgepasst. Mogli tritt zwar weit seitwärts mit dem Hinterbein, aber er tritt nicht genügend unter seinen Körperschwerpunkt. Außerdem biegt sich das Pferd hier mehr im Hals als im Körper und belastet dadurch das innere Vorderbein zu sehr. Man sieht sehr häufig, dass Seitengänge als Bodenarbeitsübung so ausgeführt werden. Die meisten Leute wissen nicht, dass sie ihrem Pferd damit eher schaden, als es gesund zu trainieren.

Bild 3-3-23
Eine weitere sehr schöne Übung, um die Hinterhand zu trainieren, ist das Rückwärtsrichten. Hierbei darf das Pferd nicht am Halfter rückwärtsgezogen werden, sondern es sollte ohne Einwirkung durch den Menschen fleißig rückwärts gehen. Nur dann tritt die Hinterhand unter den Körper und nimmt Last auf, das Pferd wächst aus der Schulter heraus und die Vorhand wird leichter.

Training für den Reiter? Die Beine und das Gesäß sind die einzigen Körperteile, die ein Reiter nicht zu trainieren braucht. Je weicher und passiver Gesäß und Beine am Pferdekörper liegen, desto besser. Konzentriere dich also auf Fühlübungen, um nicht unbewusst die Muskeln hier anzuspannen!

3.4 Schulter und Arm

Dieser Bereich ist der einzige, bei dem sich Mensch und Pferd definitiv deutlich unterscheiden. Das Pferd hat Vorderbeine, die in der Bewegung Körpergewicht auffangen und tragen, der Mensch hat Hände, mit denen er vielfältig agiert. Unsere Hände tragen kein Körpergewicht mehr.

Der Mensch

Wir Menschen sind es gewohnt, mit den Händen zu agieren, wir fassen an, wir bearbeiten, wir schreiben, wir heben, wir halten uns fest. Bereits beim Säugling gibt es einen Festklammerreflex, der ganz automatisch ausgeführt wird und wahrscheinlich daher rührt, dass wir in der Evolution den Affen sehr nah sind. Kleine Affen krallen sich mit aller Kraft am Fell der Mutter fest.
Dieses Festhaltenwollen ist ein sehr wichtiger Instinkt. Sobald wir uns im Stand oder in der Bewegung unsicher fühlen, wollen wir uns mit den Händen irgendwo festhalten.

3-4-1

Auf dem Pferd hat der Anfänger natürlich auch den Wunsch, sich mit den Händen festzuhalten. Leider lernen die Reitanfänger in den Reitschulen meistens nicht, diesem Festhaltereflex bewusst entgegenzusteuern. Die meisten Reiter lernen als Anfänger nicht, unabhängig von der Hand im Gleichgewicht zu sitzen und so behalten die Hände unbewusst und instinktiv die Festhaltefunktion.

1. Fühlübung

Bild 3-4-1

Nimm einen weichen Gegenstand in die Hand, zum Beispiel eine Rolle Küchenpapier, wie es Christina hier zeigt. Halte die Rolle erst mit weichem, losem Griff, drücke dann die Hand immer mehr zu, als ob du die Rolle zerquetschen wolltest. Kannst du fühlen, welche Muskeln anspannen? Erst ist es nur die Hand, dann der Arm, die Schulter und schließlich ist es der ganze Körper, wie auf dem nächsten Bild deutlich zu sehen ist.

Bild 3-4-2

Mach die Übung mit der rechten und mit der linken Hand. Welche Unterschiede fühlst du? Wenn du ganz fest zupackst, gibt es dann auch Bewegungen die du gleichzeitig mit deinem Arm oder sogar dem ganzen Körper machen möchtest?
Hier drückt Christina mit ganzer Kraft und es ist deutlich zu sehen, wie ihre Schultern verkrampfen und die Halsmuskeln anspannen. Auch sieht man deutlich, dass sie zudem mit der freien Hand eine feste Faust macht. Die leicht gebeugte Körperhaltung zeigt, dass sie auch die Bauchmuskeln ordentlich anspannt.

2. Fühlübung

Nun probiere mal aus, wie es sich anfühlt, den Zügel mit unterschiedlichem Druck zu halten. Wie fühlt sich dein Unterarm an, wenn du die ganze Hand zur festen Faust zusammendrückst? Auf den nächsten beiden Bildern zeigt Cornelia oben, wie es sein sollte. Der Zügel liegt in der lockeren Faust und wird nur durch Druck des Daumens auf den Zeigefinger gehalten. Auf dem unteren Bild macht sie es so wie alle Reiter, die zu viel in der Hand halten müssen, sie hält den Zügel mit der ganzen Faust. (Bilder 3-4-3 und 3-4-4)

Wie fühlt sich dein Unterarm an, wenn du nur Zeigefinger und Daumen fest zusammendrückst? Probiere es aus: Wenn du den Zügel nur mit Daumen und Zeigefinger hältst, bleiben deine Hand und dein Unterarm weich und locker.

Wenn du eine feste Faust machst, um den Zügel zu halten, wird auch deine Armmuskulatur fest.

Du merkst also, wenn du den Zügel in der Hand hältst, ist es ganz wichtig, viel Kraft in den Händen zu haben, um den Zügel festhalten zu können, ohne mit dem ganzen Arm oder sogar mit dem ganzen Körper zu verkrampfen.

Außerdem ist es sehr wichtig, den Ellenbogen anzuwinkeln und keine langen Arme zu machen. Wenn man lange Arme macht, kann man kein Gewicht tragen, sollte das Pferd sich beim Ausbalancieren kurzfristig auf die Hand legen.

Und damit kommen wir zur wichtigsten Frage in Bezug auf die Hände, den Zügel und das Gebiss im Maul des Pferdes: Wie viel Druck darf überhaupt entstehen und was heißt eigentlich wirklich »Anlehnung«?

3.4.1 Anlehnung – die Reiterhand und das Pferdemaul

Das Pferd ohne Reiter ist perfekt im Gleichgewicht. Mit Reiter wird die Vorhand vermehrt belastet, weil der Reiter auf dem Brustkorb sitzt, der von der Vorhand getragen wird.

Damit die Vorhand gesund bleibt und nicht überlastet wird, ist es also sinnvoll, wenn das Pferd mehr Gewicht auf die Hinterbeine verlagert. Das wussten auch schon die alten Reitmeister und sagten deshalb, das Pferd solle sich versammeln.

Im letzten Kapitel haben wir gelernt, Versammlung bedeutet, das Pferd tritt mit einem Hinterbein mehr unter den Körperschwerpunkt. Hierdurch werden die Vorderbeine entlastet. Dieser Prozess der Gewichtsverlagerung ist sehr schwierig und das Pferd hat große Probleme, sich auszubalancieren. Nun kann ihm das Gebiss im Maul immer in den Momenten als Stütze dienen, in denen es gerade aus dem Gleichgewicht kommt, und es kann sich wieder vom Gebiss abstoßen, wenn es im Gleichgewicht ist.

Es ist ähnlich wie bei einem Balletttänzer, der eine Stange an der Wand hat. Wenn er beim Üben schwerer Figuren aus dem Gleichgewicht kommt, kann er sich immer kurz an der Stange abstützen und je besser er tanzen kann, desto seltener braucht er die Haltestange.

Claudia und ich haben versucht, die Anlehnung zu verdeutlichen. Auf den nächsten beiden Bildern spielt Claudia den Reiter und ich die Vorhand des Pferdes samt Hals und Maul.

Oben liegt viel Gewicht auf der Vorhand und ich stütze mich stark am Gebiss ab, unten liegt wenig Gewicht auf der Vorhand und ich brauche mich nicht abzustützen. (Bilder 3-4-1-1 und 3-4-1-2)

Bild 3-4-1-3
So sieht die Idealvorstellung des versammelten Pferdes aus. Die Vorhand ist aus der Schulter heraus »gewachsen« und das Pferd braucht keine Stütze mit dem Maul.

3-4-1-3

3-4-1-4

Bild 3-4-1-4
Dieses Pferd zeigt eine Versammlungshaltung in der »alltäglichen« Form, wie jedes Pferd sie lernen sollte, auch wenn es nicht auf dem Turnier gewinnen soll. Der Hals wölbt sich frei aus der Schulter nach vorn, die Nase ist vor der Senkrechten. Die Hinterhand tritt vermehrt unter den Körper, hierdurch wird das Gewicht nach hinten verlagert und die Schulter wird frei.

Die meisten Reiter meinen nun, man kann ab einem gewissen Ausbildungsstand immer ohne Gewicht in der Hand reiten. Das ist nicht richtig. Dieser Prozess des Ausbalancierens ist ein schwebendes Gleichgewicht, das bei jedem Schritt und Tritt neu hergestellt werden muss.

Merke!

Je schwungvoller das Pferd geht, desto schwerer ist es für das Pferd, sich auszubalancieren und desto eher braucht es viel Anlehnung. Der Reiter muss immer wieder viel Gewicht mit den Händen tragen.
Je unruhiger der Reiter sitzt und einwirkt, desto schwerer ist es für das Pferd, sich auszubalancieren und desto mehr braucht es die Stütze der Hand, wenn es sich versammeln soll.
Je weniger gut das Pferd körperlich auf die Versammlung vorbereitet ist, desto anstrengender wird es sie finden und desto mehr wird es sich auf der Hand abstützen wollen.
Je sorgfältiger das Pferd ausgebildet ist, desto besser kann es sich auch ohne Handstütze ausbalancieren.
Wenn sich das Pferd dauerhaft auf die Hand auflehnt, ist es nicht im Gleichgewicht. Es muss lernen, die Hinterhand zum Tragen effektiver einzusetzen. Das lernt es nie (!) durch Einwirkung mit der Hand, sondern nur durch Lektionen, die die Hinterhand aktivieren.
Und das Wichtigste: Dieser Prozess der Anlehnung und Stütze beim Ausbalancieren kann nur funktionieren, wenn das Pferd keine Angst vor der Reiterhand hat, wenn es das Gebiss im Maul als angenehm empfindet und wenn der Reiter sich an den Grundsatz hält: »Das Gebiss gehört dem Pferd, ich stelle es ihm weich mit federnden Fingern zur Verfügung.«

3.4.2 Der Hals und die Vorhand des Pferdes

Die Vorderbeine des Pferdes fassen nichts an, sie greifen nichts, sondern sie bilden stabile und kräftige Stützpfeiler, wenn die Hinterhand den Körper des Pferdes nach vorne stemmt oder im Galopp sogar mit ordentlichem Schwung nach vorne wirft.

Bild 3-4-2-1
Die Vordergliedmaßen sind mit dem Hals mit großen, kräftigen Muskeln verbunden. Diese Verbindung ist sehr wichtig, denn der Hals des Pferdes hilft beim Ausbalancieren des ganzen Körpers. Das Anheben des Halses verlagert Körpergewicht nach hinten, das Senken des Halses verlagert Körpergewicht auf die Vorhand. Achtung! Das Pferd kann seinen Hals unabhängig von seinem Kopf benutzen! Es kann den Hals senken und gleichzeitig den Kopf heben (das macht es beispielsweise in der korrekten Vorwärts-Abwärts-Dehnung, wenn es die Nase nach vorne streckt) und es kann den Hals heben und gleichzeitig den Kopf senken. Für die Gewichtsverlagerung ist das Anheben des Halses direkt vor dem Widerrist wichtig.

3-4-2-1

Bild 3-4-2-2
Die Funktionslinie auf diesem Bild verdeutlicht die Abhängigkeit zwischen Vor- und Hinterhand. Wenn das Pferd mit dem Hinterbein weit unter den Körper treten soll, wird der Hals an seinem Ansatz vor dem Schulterblatt angehoben – so entsteht die schöne Halshaltung in der Versammlung und es wird Gewicht nach hinten verlagert, die Schulter ist frei beweglich. Stört der Reiter diese Wechselwirkung, muss das Pferd den M. trapezius dauerhaft anspannen, damit die Vorhand den schweren Hals und Kopf tragen kann.

Bild 3-4-2-3
Bildet sich bei einem Pferd direkt hinter dem Schulterblatt eine Kuhle (roter Pfeil), bedeutet das, dass das Pferd den Trapezmuskel dauerhaft zu sehr anspannt. Es muss dies tun, um die Vorhand zu stabilisieren, wenn der Hals seiner Aufgabe beim Ausbalancieren nicht nachkommen kann. Das Auffußen der Vorderhufe wird dann laut und verliert jede Elastizität.

Das Pferd hat es immer schwerer sich auszubalancieren und wird die Schultermuskeln immer mehr

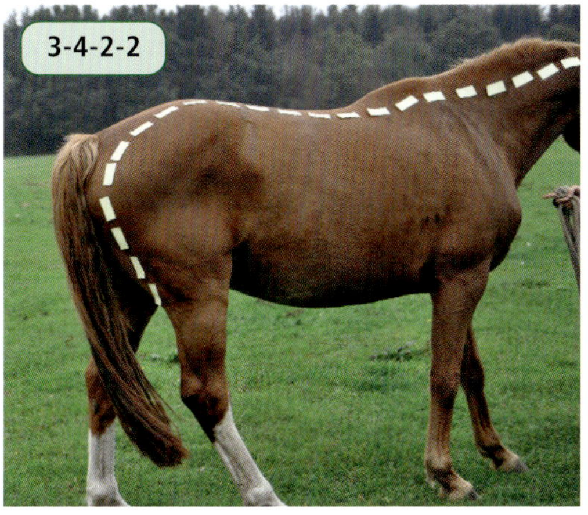

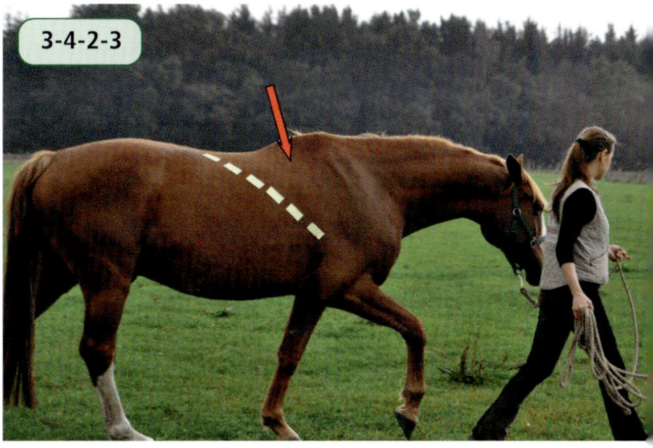

anspannen, um beim Auffangen des Schwungs nicht zu stolpern. Dieser verhängnisvolle Kreislauf – oder besser gesagt Teufelskreis – entsteht immer dann, wenn der Reiter auf dem Pferd seine Hand so nutzt, wie er es auch im Alltag tut: festhalten.

Fazit

Der Mensch darf nie die Haltung des Pferdekopfes und Pferdehalses mit den Händen beeinflussen. Das Pferd braucht Hals und Kopf, um sich auszubalancieren. Die Halshaltung des Pferdes vermittelt dem Reiter Informationen darüber, wie sich der Rücken und die Hinterhand des Pferdes bewegt und hält. Diese Informationen dürfen nicht durch Zwangsmaßnahmen (Ausbinder, Schlaufzügel, harte Hand, Kandare) unterdrückt werden, sondern der Reiter muss sie beachten, darüber nachdenken und sein eigenes Verhalten gegebenenfalls überprüfen und ändern.

Gemeinsam – Fühlen auf dem Pferd

Wenn du auf dem Pferd sitzt und den Zügel in der Hand hältst, kannst du die Übungen dieses Buches, die du ohne Zügel in der Hand gemacht hast, noch einmal mit dem Zügel in der Hand ausprobieren. Jetzt merkst du deutlich, wie die Handhaltung deinen ganzen Körper auf dem Pferd mitbeeinflusst. Eine gute Übung für handunabhängiges Reiten ist es, im Schritt einfach mal ohne alles zu reiten. Bild 3-4-2-4

Mogli und ich machen das gerne als Entspannung, nachdem wir Gymnastik und Versammlung geübt haben. Meistens ist es dann so, dass mein

Vertrauensbeweis des Reiters dem Pferd gegenüber: Reiten mit Halsring oder ganz frei.

Pferdchen erst mal gar nicht mehr auf mich achtet und einfach ohne Ziel dahinschlendert. Nach ein paar Minuten wird ihm das dann langweilig und er fragt »Wo wollen wir denn lang reiten?«, indem er darauf achtet, wohin ich meinen Körper drehe. Du kannst das »Lenken ohne Zügel« auch ganz einfach üben, indem du während der Bodenarbeit mit deinem Pferd Zeichen für die Richtung übst.

Zum Beispiel kannst du dein Pferd mit einem Finger am Hals in eine Richtung »stupsen« und es dann mit Leckerli belohnen, wenn es richtig reagiert. So lernt es schnell, dass Fingerstupsen am Hals eine Bedeutung hat, an die es sich auch erinnert, wenn es geritten wird.

!

Achtung!

Bitte mache diese Übungen nur, wenn du dich mit deinem Pferd vertraut fühlst und keine Angst hast!

WORAUF MUSS MAN ACHTEN, UM DIE MUSKEL-ARBEIT NICHT ZU STÖREN?

4

Du hast nun eine Menge Fühlübungen gemacht und dabei deinen Körper und den Körper deines Pferdes »ein gutes Stück weit« neu kennen gelernt. Hierbei hast du auch gelernt, dass nie nur ein Muskel aktiv ist. Vielmehr ist es immer ein Zusammenspiel und ein sehr harmonisches Gegenspiel zwischen mehreren Muskeln, wobei der Spannungszustand aller beteiligten Muskeln sehr unterschiedlich ist.

Spannt ein Muskel an, um ein Gelenk zu beugen, muss der direkte Gegenspieler unbedingt im gleichen Maße entspannen, damit er gedehnt werden kann, ohne dass dabei die Gesamtstabilität des Gelenks verloren geht.

Dazu gibt es meistens noch parallel sitzende Muskeln, die relative Spannungszustände aufbauen, um zusätzliche Stabilität zu erzeugen, während das Gelenk bewegt wird.

Man muss also lernen, den eigenen Körper sehr diszipliniert und koordiniert zu bewegen, um die komplexe Muskelarbeit des Pferdes nicht zu stören. Reiten ist eine gemeinsame Bewegung von zwei Wesen. Beide verfügen über Muskeln, die Knochen bewegen und stabilisieren. Das ist bei jedem lebendigen Körper so und kann nur funktionieren, wenn alle Muskeln im Körper im exakt ausgeglichenen Kräfteverhältnis zueinander stehen und wenn die Muskelarbeit von einer gemeinsamen Zentrale (dem Gehirn) gesteuert wird.
Wenn Pferd und Mensch aufeinandertreffen, muss also oberstes Ziel sein, dass trotzdem keiner der beiden Körper in seiner ganzheitlichen Funktion gestört wird.
Wie erreicht man das? Indem sich die Bewegungen beider Körper vereinen und so aneinander anpassen, dass ein harmonisches Gleichmaß entsteht.
Es ist wie beim Tanzen, beide Tanzpartner bewegen sich gemeinsam in die gleichen Richtungen wie ein Körper. Sobald sich die Partner nicht einig sind und einer in eine Richtung gezwungen werden soll, ist der Tanz vorbei.

4.1 Die Anforderungen an den Mensch und an das Pferd

Der Mensch

Voraussetzung: Der Körper des Menschen sollte für sich allein im physischen Gleichgewicht sein. Er muss auch auf dem Pferd im physischen Gleichgewicht bleiben. Um diese Voraussetzungen zu erfüllen, muss der Mensch, der ein guter Reiter sein will, mit seinem Körper gesunde Stabilität schaffen können, er muss die absolute Kontrolle über Anspannung und Entspannung einzelner

4-1-1

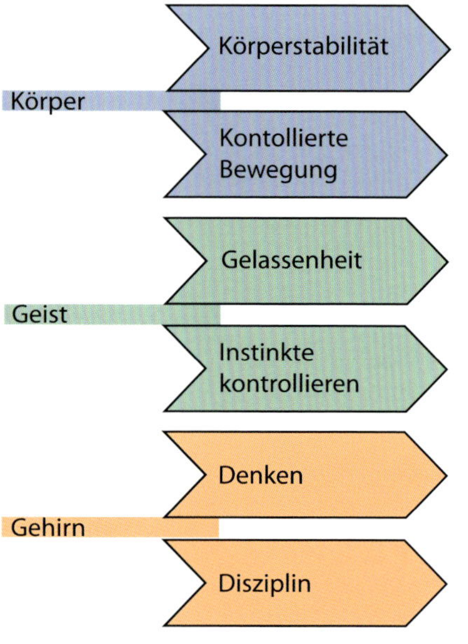

Muskeln lernen, Muskelarbeit bewusst koordinieren können und Zeichen für falsche Anspannung sofort erkennen. Er muss in klaren Strukturen denken und darf sich nicht von Instinkten leiten lassen, die Angst als sinnvolles Instrument der Eigensicherung akzeptieren und Angstgefühle bewusst wahrnehmen, um weiterhin denkend handeln zu können. (Bild 4-1-1)

Das Pferd

Voraussetzung: Der Körper des Pferdes sollte für sich allein im physischen Gleichgewicht sein. Das Pferd muss auch unter dem Reiter in der Lage sein, ein physisches Gleichgewicht aufzubauen. Um diese Voraussetzungen zu erfüllen, muss das Pferd, das ein Reitpferd werden soll, ein gutes Körpergefühl entwickeln, es muss kräftige

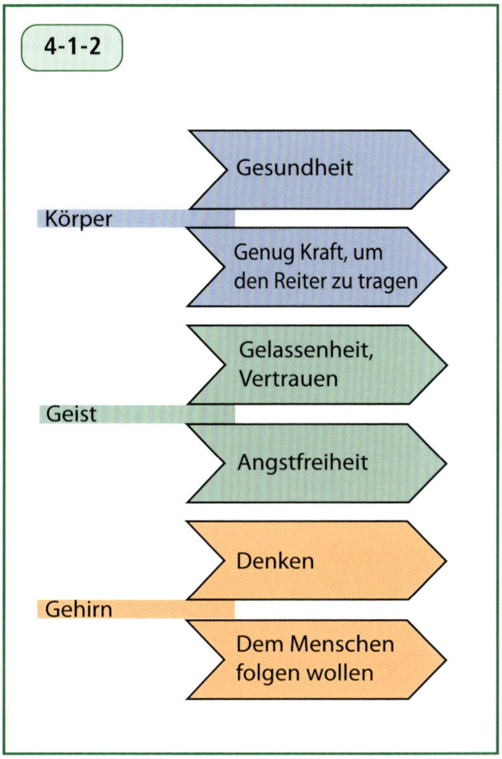

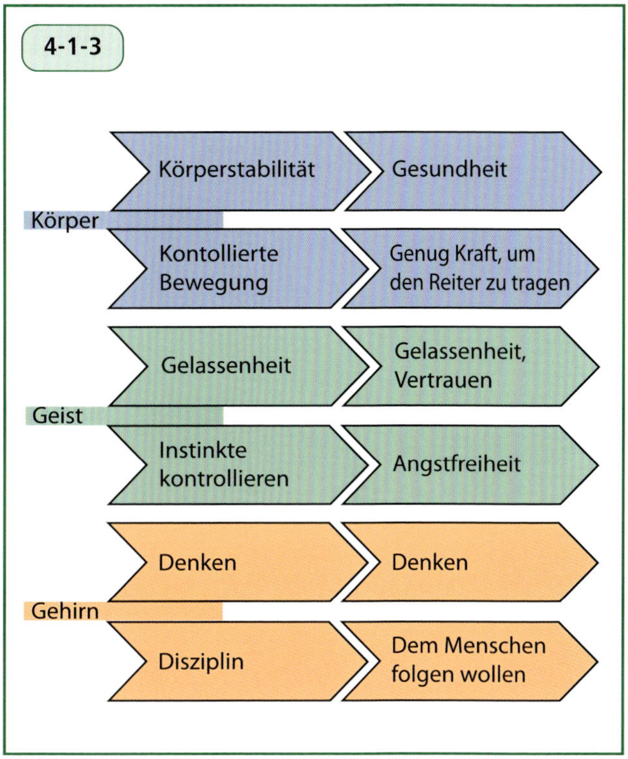

Muskeln aufbauen, selbstbewusst sein, den Reiter verstehen und angstfrei sein. (Bild 4-1-2)

Pferd und Mensch als harmonisches Tanzpaar könnte man dann entsprechend grafisch so darstellen, wie in Bild 4-1-3.

4.2 Die Angst als Hinderungsgrund für gutes Reiten

Alle Erkenntnisse, die ein suchender Reitwissenschaftler bisher aus seinen Fühlerfahrungen gewonnen hat, sind hinfällig, wenn das Zusammensein zwischen Mensch und Pferd durch Angst unbewusst oder bewusst beherrscht wird. Angst blockiert im Organismus die harmonische Zusammenarbeit aller Muskeln. Sie verhindert, dass Pferd und Mensch zu einer Einheit zusammenwachsen. Sobald ein Tier oder ein Mensch Angst hat, wird sich das gesamte Verhalten instinktiv nur noch auf Selbstschutz konzentrieren, das Miteinander ist damit nicht mehr möglich.

Die wichtigste Tatsache, derer sich jeder Reiter bewusst sein muss, haben wir am Anfang des Buches schon einmal angesprochen. Wir erinnern uns: Es gibt nur eine Leitung, die die drei Stationen im Körper miteinander verbindet. (Bild 4-2-1, Seite 102)

Das gilt für den Körper des Menschen und den Körper des Pferdes. Das Gehirn kann nie gleichzeitig Befehle geben und die Rückmeldungen verarbeiten, sondern immer alles nur nacheinander. Es ist immer nur entweder die Leitung zum bewuss-

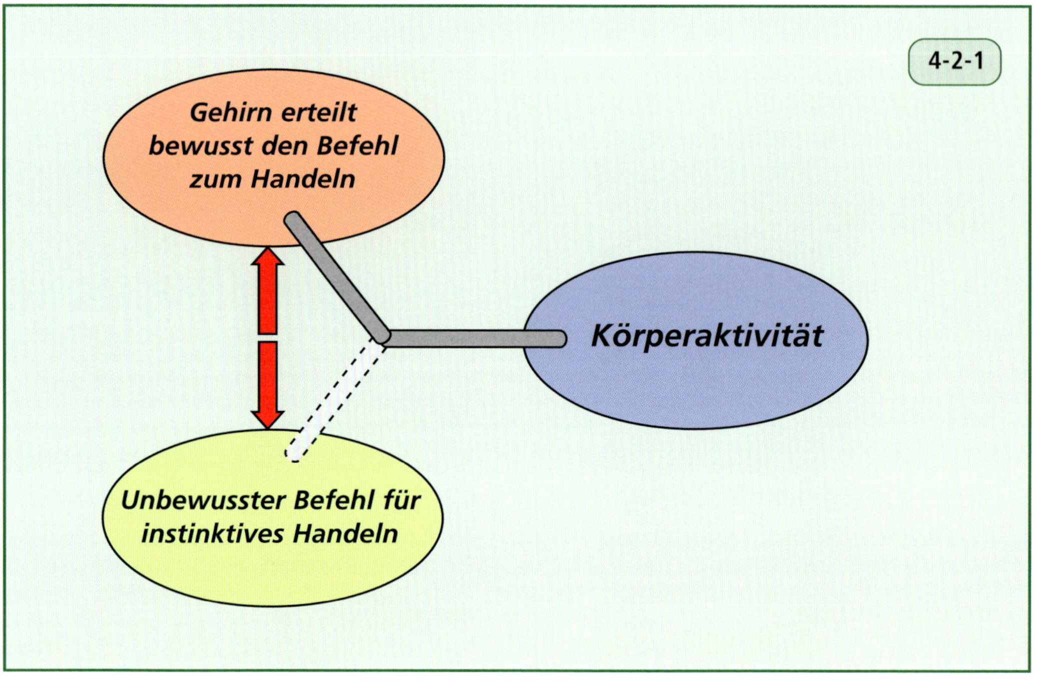

ten Handeln aktiv oder die Leitung zum instinktiven Handeln.

Also: Gehirn gibt Befehl – Muskel agiert – Muskel gibt Meldung an Gehirn – denkt nach und gibt neuen Befehl

Oder: Augen sehen Gefahr – Instinkt befiehlt Muskelanspannung – Muskel gehorcht (Gehirn wird übergangen)

Pferde können für den Menschen, der mit ihnen umgeht, zur Gefahr für Leib und Leben werden. Deshalb gilt: Angst auf dem Pferd darf nicht nur sein, sondern sie muss sein. Die Angst darf allerdings nicht das Handeln des Menschen beeinflussen, sondern der Verstand muss sinnvolle Antworten auf die Signale der Angst geben.

Die Natur hat einen Sinn darin gesehen, instinktives und denkendes Handeln zu unterscheiden und zu trennen. Denken und Handeln dauert lange, Instinkt und Handeln geht sehr schnell und ist deshalb zur Rettung des Lebens und der Unversehrtheit sinnvoll. Sobald Gefahr droht, agieren der Instinkt und schnelles Handeln.

Produktives instinktives Handeln kann man lernen, indem man Vorgänge mit denkendem Handeln so oft wiederholt, bis sie zu einem Mechanismus werden, der automatisch, also instinktiv abläuft. Das kennt jeder, der gelernt hat, ein Musikinstrument zu spielen. Am Anfang muss man mühsam und langsam jedem einzelnen Finger sagen, was er wann tun soll, hat man ein Musikstück auf diese Art lange geübt, spielen die Finger es irgendwann automatisch so schnell, dass der Verstand gar nicht mehr mitkommt.

Auf dem Pferd müssen wir lernen, das richtige Handeln in gefährlichen Situationen so oft lang-

Wichtig!

Die instinktive Reaktion auf Gefahr ist sinnvoll, wenn wir als Fußgänger unterwegs sind. Die Natur wusste beim Einrichten dieser Schutzfunktion nicht, dass wir auf die Idee kommen könnten, uns auf ein Pferd zu setzen.

Während des Reitens werden also die gleichen Schutzreflexe vom Instinkt gestartet wie während des Zufußgehens, wenn Gefahr droht. Diese Reflexhandlungen sind aber für das Reiten nicht geeignet und werden dann für den Menschen zur Gefahr. Beim Reiten brauchen wir deshalb unbedingt und ausschließlich das denkend motivierte Handeln.

sam durchzuspielen, dass wir es dann im kritischen Moment automatisch anstelle des falschen Angstverhaltens abspulen, ohne noch darüber nachzudenken.
Das Pferd kann nicht bewusst Instinkte unterdrücken, es wird nur denkend handeln, wenn es dem Reiter so sehr vertrauen kann, dass die Flucht- oder Kampfinstinkte nicht benötigt werden. Ganz einfach, oder?

Im nächsten Kapitel werden wir konkret und dann kannst du auch ganz gezielt dein persönliches Angstverhalten verstehen und zu zweckmäßigem sicherem Handeln umwandeln und dein Pferd zu einem mutigen und selbstbewussten Gefährten machen.
Auch beim Pferd ist Angst ein wichtiger Grund für Disharmonien zwischen Reiter und Pferd. Wichtigste Grundsätze: Der Reiter sitzt dem Pferd im wahrsten Sinne des Wortes im Nacken. Das Pferd darf nie vor dem Reiter Angst haben. Hat es Angst, muss es seine Rücken- und Schultermuskeln abwehrend anspannen. Diese Muskeln wirken dann für den Reiter wie ein Katapult. Es gibt kein weiches elastisches Schwingen mehr, sondern einen harten Rücken, der den Reiter wie einen Flummi in die Höhe schleudert.

Das Pferd muss immer verstehen, was der Reiter von ihm will, Unverständnis macht unsicher und Unsicherheit macht Angst. Kontrolliere immer, ob deine Kommunikation mit dem Pferd für das Pferd verständlich ist!

Viele Reiter haben eigentlich keine besondere Angst auf dem Pferd. Trotzdem zeigen sie ängstliches Verhalten, einfach weil sie es sich in den Anfängertagen auf dem Pferd so angewöhnt haben und nun unbewusst beibehalten.

Probiere selber aus, ob du eventuell unbewusst Angstverhalten auf dem Pferd zeigst. Setze dich auf dein Pferd und überprüfe, ob du folgende Körperbereiche wie in der Tabelle auf Seite 104 beschrieben anspannst. Überlege ganz genau, ob du diese Körperbereiche ständig anspannst oder vielleicht nur in ganz bestimmten Situationen.
Wenn du in dieser Tabelle Hinweise gefunden hast, dass du Muskeln unbewusst in Angst-Anspannung bringst, hilft dir Kapitel 6. Dort findest du diese Tabelle etwas abgewandelt noch einmal.

Körperteil	deutet auf Angstverhalten hin:
Kopf	leicht gesenkt
Augen	Augen gucken auf den Pferdehals anstatt nach vorne
Halsmuskeln vorne	angespannt
Halsmuskeln hinten	gedehnt
Übergang Schultern/Nacken	angespannt
Schulterblätter	gedehnt
Brustmuskulatur	angespannt
Gerade Bauchmuskeln	werden nicht gefühlt
Schräge Bauchmuskeln	werden nicht gefühlt
Langer Rückenmuskel	angespannt
Breiter Rückenmuskel	wird nicht gefühlt
Gesäßmuskeln	angespannt
Oberschenkelmuskeln hinten	wird nicht gefühlt
Oberschenkelmuskeln vorne	wird nicht gefühlt
Oberschenkelmuskeln innen	angespannt
Unterschenkel	angespannt
Fuß	hochgezogene Absätze
Oberarme	lang
Unterarme	lang
Finger	greifen fest zu
Daumen	wird nicht gefühlt

PRAKTISCH ERPROBTE STRATEGIEN FÜR DEN RICHTIGEN UMGANG MIT DER ANGST AUF DEM PFERD

5

Gehörst du zu den Reitern, die vor brenzligen Situationen auf dem Pferd Angst haben? Du brauchst dich nicht zu schämen, diejenigen wenigen Reiter, die übermütig und lachend auf dem bockenden oder scheuenden Pferd sitzen, sind die absolute Minderheit und selten wirklich so routiniert, sondern häufig eher – mit Verlaub – nicht unbedingt reflektiert, denn sie denken anscheinend nicht daran, was alles passieren kann.

Wenn auch du Angst vor diesen Situationen hast, in denen dein Pferd plötzlich Schlangen unter einfachen Felsbrocken im Gelände vermutet oder vor dem großen Traktor scheut und davonrennt, bist du ein völlig normaler und ernst zu nehmender Mensch. Sei dankbar für deine Angst und gehe verantwortungsvoll damit um. Angst ist in unserem Dasein ein sehr wichtiges und unbedingt notwendiges Gefühl, das uns schützt.

Das blitzschnelle Erkennen einer Gefahr und das instinktiv, also ohne Nachdenken gesteuerte, reflexartige Reagieren unseres Körpers sorgen dafür, dass wir bei Gefahr unversehrt bleiben. Unser Körper rollt sich zusammen und schützt unsere wichtigsten Organe und die Eingeweide. Automatisches Anspannen von Muskeln sorgt für eine harte und feste Körperoberfläche, die gegen Schläge oder hartes Aufprallen bei einem Sturz schützend wirkt. Atmung und Puls gehen schneller, wir sind darauf vorbereitet, zu flüchten, der Gefahr aus dem Weg zu springen oder zu rennen.

Das alles nützt uns sehr – so lange wir zu Fuß unterwegs sind. Unsere Instinkte sind aber leider nicht dafür eingerichtet, mit oder auf einem anderen lebenden Körper unterwegs zu sein, der durch unsere reflexartigen Bewegungen negativ beeinflusst wird und so die Gefahr einer Verletzung erhöht.

Ein Reiter, der auf dem Pferd seinen Körper schützend zusammenrollen will, sitzt nicht mehr in der Pferdebewegung und katapultiert sich selbst aus dem Sattel. Ein Reiter, der auf dem Pferd seine Muskeln abwehrend anspannt, wird vom Pferderücken wie von einem Trampolin in die Höhe geschleudert. Das ist nicht nur dem Reiter unangenehm, sondern vor allem auch dem Pferd, denn diese harten Muskeln des menschlichen Gesäßes verursachen dem Pferd Schmerzen im Rücken und es verbindet die gefährlichen Situationen in Zukunft nicht mehr nur noch mit der eigentlichen Gefahr, sondern auch mit einem harten schmerzhaften Aufprall im Rücken. Es wird bei der nächsten Gelegenheit diesen Schmerz erwarten und erst recht scheuen und Ungehorsam zeigen.

Diese Zusammenhänge muss ein Reiter kennen und er muss seine eigenen Instinkte überlisten, um einige dieser reflexartigen Reaktionen zu ändern.

5.1. Voraussetzungen

Auf dem Pferd und im Umgang mit Pferden besteht grundsätzlich immer das Risiko einer gefährlichen Situation. Pferde sind Tiere und damit nie zu 100 Prozent berechenbar. Jedes Pferd kann erschrecken und reagiert dann ebenso instinktiv wie unser menschlicher Körper. Wichtig für Reiter ist es zu lernen, mit diesen Situationen so souverän umzugehen, dass sie nicht mit einem Unfall oder Verletzungen enden. Außerdem sollte man immer ausschließen, dass es Gründe gibt, die bei einem Pferd eventuell zu mehr als nötigen Risiken für gefährliche Reaktionen führen könnten. Bitte überprüfe deshalb grundsätzlich regelmäßig:

- die Sehfähigkeit deines Pferdes: Pferde, die nicht gut sehen können, sind unsicher und scheuen eher als ihre gesunden Artgenossen.
- die Hörfähigkeit deines Pferdes: Pferde, die nicht gut hören können, sind unsicher und scheuen eher als ihre gesunden Artgenossen.
- die Lebensumstände deines Pferdes: Ein Pferd, das bei zu viel gutem Kraftfutter zu wenig Bewegung hat, neigt zu kleinen bis mittelschweren »Körperexplosionen«, um überschüssige Energie loszuwerden. Ein Pferd, das den ganzen Tag in einer Box steht und wenig erlebt, ist auf dem Ausritt ängstlich und neigt zum Erschrecken.
- die Gesundheit des Rückens deines Pferdes: Wenn ein Pferd unter dem Reiter Rückenschmerzen hat, aber über sein Leid nicht sprechen kann, bleibt ihm nichts anders übrig, als sich gegen den Reiter zu wehren, was zu Ungehorsam führt.
- die Gesundheit des Atmungsapparates und des Herzens deines Pferdes: Wenn ein Lebewesen – egal ob Mensch oder Tier – das Gefühl hat, nicht genug Sauerstoff einzuatmen, neigt es zu Panikattacken bis hin zu konkreter Todesangst.

Das Pferd mit Bodenarbeit auf Angst auslösende Situationen desensibilisieren.

- die Ausrüstung: Pferdekörper verändern sich und ein unpassender Sattel kann für dauerndes Unwohlsein und Rückenschmerzen verantwortlich sein. Die Zähne des Pferdes verändern sich im Laufe seines Lebens und es kann angebracht sein, das Gebiss zu wechseln.

5.2. Gefahrensituationen, während man das Pferd führt

Grundlegendes Problem ist hier: Das Pferd hat Angst und der Mensch bekommt Angst vor dem Pferd. Das Pferd weiß nicht, dass der Mensch Angst vor ihm bekommt, sondern es denkt, der Mensch hat auch Angst vor der Gefahrenquelle. Wenn der Mensch dann auch noch das Pferd beobachtet, stellt er ihm damit die Frage: »Was meinst du, was wir tun sollten?« Das Pferd denkt, es muss die Verantwortung übernehmen und beschließt: Flucht!

Der Ausweg: Wenn das Pferd Angst hat, muss ich als Mensch es beschützen, damit es mir vertrauen kann. Ich stelle mich zwischen die Gefahrenquelle und mein Pferd.
Ich sage ihm deutlich: Halte Abstand, ich passe auf dich auf.

Ganz einfach, oder? Nein, ich weiß, es ist nur in der Theorie ganz einfach, in der Praxis muss man es mühsam lernen. Wie sollte man vorgehen? Wenn ich Angst vor einer Situation habe, sehe ich vor meinem inneren Auge die ganze Situation als ein riesengroßes graues, unbekanntes Loch, und ich habe eine undeutliche Ahnung von großem Schmerz, der auf mich zukommt. Ich weiß nicht wirklich, wovor ich Angst habe, denn gerade die

Unvorhersehbarkeit der Situation ist es, die mir vor allem Angst bereitet.
Häufig hilft es deswegen schon, die Gefahrensituation ganz klar zu analysieren, denn wenn man weiß, was passiert, kann man auch die Reaktionen planen und weiß vorher, wie man mit der Situation umgehen wird. Die Angst wird zu einer beherrschbaren Größe.

Also: Ich erinnere mich an die letzte gefährliche Situation, die mir passiert ist, als ich mein Pferd geführt habe, z.B.: Ich ging einen Weg entlang, mein Pferd scheute vor irgendetwas, riss sich los, rannte mich fast über den Haufen und galoppierte davon.
Beim ersten Gedanken an diese Situation sehe ich mich vom Pferd allein gelassen mit schmerzenden Gliedern auf dem Boden liegend, während mein Pferd allein nach Hause rennt, falls es dort überhaupt unversehrt ankommt, und ich denke, dass es pures Glück war, dass es mich nicht umgerannt hat, was beim nächsten Mal sicher auch ganz leicht passieren kann.

Ich sehen diese Situation vor mir und habe nur noch Angst, sie noch einmal zu erleben. Meine Erfahrungen werden in meinem Gedächtnis fest gespeichert, als gefährlich eingestuft und werden in Zukunft Angst auslösen, sobald ich irgendetwas erlebe, was an diese Situation erinnert.

Wie kann man es besser machen? Zerlegen wir einmal das Schreckverhalten des Pferdes in einer solchen Situation in die verschiedenen Zehntelsekunden mit den jeweiligen Reaktionen, die auftreten könnten, und fragen wir uns: Besteht eigentlich wirklich auch eine unkalkulierbare Gefahr für den Menschen?

1/10
Das Pferd spitzt die Ohren, weil es etwas wahrnimmt. Für mich gefährlich? Nein.

2/10
Das Pferd konzentriert sich auf die Gefahrenquelle vor uns. Für mich gefährlich? Nein.

3/10
Das Pferd will stehen bleiben.
Für mich gefährlich? Nein.

4/10
Das Pferd reißt den Kopf hoch.
Für mich gefährlich? Nur, wenn ich den Strick zu kurz halte und mir der Arm schmerzhaft hoch gezerrt wird. Halte ich den Strick lang genug, ist es nicht gefährlich.

5/10
Das Pferd springt rückwärts.
Für mich gefährlich? Nur wenn ich den Strick zu kurz halte und mitgerissen werde. Halte ich den Strick lang genug, ist es nicht gefährlich.

6/10
Das Pferd springt seitwärts.
Für mich gefährlich? Nur wenn ich im Weg stehe und es mich umstößt. Halte ich genug Abstand, ist es nicht gefährlich.

7/10
Das Pferd bleibt ruckartig stehen.
Für mich gefährlich? Nein.

8/10
Das Pferd steigt? Für mich gefährlich? Nur wenn ich im Weg stehe und es auf mir landet.

»Antischrecktraining«: Das Pferd wird Angst auslösenden Reizen ausgesetzt und lernt durch einen gelassenen Menschen, dass nichts passiert.

9/10
Das Pferd reißt sich los.
Für mich gefährlich? Nur wenn ich den Strick nicht loslasse und mich mitschleifen lasse.

10/10
Das Pferd rennt davon.
Für mich gefährlich? Nein.

Ich sehe also, das Verhalten des Pferdes in der Angst erregenden Situation ist für mich – wenn man es ganz genau analysiert – ungefährlich, vorausgesetzt ich achte darauf, dass zwischen mir und meinem Pferd immer ein gewisser Sicherheitsabstand für unvorhergesehene Bewegungen ist und ich den Strick nicht zu kurz halte. Eigentlich könnte ich doch ganz lässig bleiben …
Was passiert aber stattdessen? Analysieren wir nun mein tatsächliches Verhalten: Das Pferd spitzt die Ohren, weil es etwas wahrnimmt. Ich sehe, dass mein Pferd die Ohren spitzt. Instinktes Schreckverhalten setzt bei mir ein, denn vor meinem inneren Auge läuft blitzartig die gesamte Situation, wie ich sie in Erinnerung habe, wie ein Film ab, ich denke nicht mehr, mein Körper reagiert automatisch instinktiv. Meine Körperhaltung und meine Atmung verändern sich, was das Pferd wahrnimmt. Es registriert: Auch der Mensch sieht eine Gefahr, wodurch es sich selbst bestätigt fühlt und erst recht unruhig wird. Es will anhalten.

Durch meine veränderte, zusammengezogene Körperhaltung halte ich den Führstrick fester und wahrscheinlich auch näher an meinem Körper. Das Pferd spürt beim Anhalten einen härteren Ruck am Führstrick, wodurch es das Gefühl bekommt, dass es in seiner Bewegungsfreiheit eingeengt ist. Dieser Umstand verunsichert es zusätzlich stark und es ist davon überzeugt, dass hier nur eins hilft: Flucht!

Fazit: Fast alle vermeintlichen Gefahrensituationen sind eigentlich Situationen, in denen das Pferd gesunde Aufmerksamkeit für seine Umwelt zeigt. Nur meine übertriebene instinktive Reaktion hat eine echte Gefahrensituation verursacht.
Um diesen Mechanismus auszuschalten, hilft es nicht, ihn zu verstehen, denn meine Reaktionen waren ja nicht vom Verstand, sondern vom Instinkt gesteuert, ich hatte gar nicht die Zeit darüber nachzudenken, wie ich reagieren wollte.

Ich muss also vorbeugen, meinen eigenen Instinkt mit dem Verstand ausschalten, sozusagen überlisten, mit meinem Denken meinen Instinkten zuvor kommen.

Was kann helfen? Schreibe auf:

- a) Welche Gefahrensituationen gibt es zwischen mir und meinem Pferd?

- Was passiert ganz genau? Schreibe den Verlauf der Situation so detailgetreu wie möglich auf.

- Analysiere dein Verhalten. Wie hast du dich bisher in diesen Situationen verhalten?

- Schreibe so genau wie möglich auf, wie du dich in Zukunft verhalten willst und lerne das auswendig.

Vermeide Worte, die in dir Angstgefühle auslösen können, benutze lieber Worte, die ungefährlich klingen.

Beispiele:
»Das Pferd hat Angst« – klingt gefährlich.
»Das Pferd ist aufmerksam« – klingt ungefährlich.
»Das Pferd will den Kopf hochreißen« – klingt gefährlich.
»Das Pferd braucht Bewegungsfreiheit mit dem Kopf« – klingt ungefährlich.
»Das Pferd springt zurück/zur Seite« – klingt gefährlich.
»Das Pferd weicht seitlich/rückwärts aus« – klingt ungefährlich.

Im nächsten Schritt überlege dir, wie du dich in dieser Situation verhalten willst. Das könnte z. B. so aussehen:
Ich führe mein Pferd am langen Strick, damit es mich nicht gleich umreißt, falls es mal ruckartig den Kopf hebt oder rückwärts geht. Ich sorge für ausreichend Abstand zwischen mir und meinem Pferd, damit es immer Platz hat, sich seitwärts zu bewegen. Wenn mein Pferd die Ohren spitzt, weil es vor uns etwas sieht, spreche ich laut und verhalte mich entsprechend: »Du spitzt die Ohren, weil du etwas Unbekanntes siehst. Wir halten erst mal an und schauen. Geh mal rückwärts, ich stelle mich zur Sicherheit zwischen das Unbekannte und dich, dann brauchst du keine Angst zu haben. Bleib hinter mir (neben mir), ich beschütze dich. Mein Körper ist stark und ich bin schlau, dir kann gar nichts passieren.«

Nächster Schritt: Lerne auswendig, was du dir aufgeschrieben hast und stelle dir die Situation und dein Verhalten immer wieder mit allen Möglichkeiten deiner Phantasie vor. Sieh dich selbst als selbstbewussten, die Situation beherrschenden Menschen. Sieh dich wie einen Fels in der Brandung stehen, während dein Pferd mit dem Kopf schlägt und ruckartig stehen bleibt. Beobachte im Geiste dich selbst, wie du lässig lächelnd abwartest, bis dein Pferd sich beruhigt hat. Spiele die Situation in deinen Gedanken immer wieder durch, bis du ganz sicher bist, es nicht mehr zu vergessen.

Dann kannst du beginnen, das Ganze praktisch zu üben. Führe dein Pferd und stelle dir bei allen möglichen alltäglichen Gegenständen, an denen ihr vorbeigeht, vor, dein Pferd schaue es interessiert an und du reagiertest so professionell, wie du es dir aufgeschrieben und in deiner Phantasie durchgespielt hast.

Du wirst sehen, dein Verhalten wird schnell zur Gewohnheit und dann auch zum selbstverständlichen Automatismus, wenn das Pferd wirklich vor einem unbekannten Gegenstand steht. Ein ganz wesentlicher Faktor dabei muss sein, dass du deinem Pferd das Gefühl gibst, für eurer beider Sicherheit die Verantwortung zu übernehmen.

Die meisten Menschen beobachten in gefährlichen Situationen das Verhalten ihres Pferdes und warten dann ab, wie das Pferd reagiert. Damit übergeben sie dem Pferd die Verantwortung zur Bewältigung der gefährlichen Situation. Mach es in Zukunft genau anders herum, übernimm du die Verantwortung. Verbiete deinem Pferd, sich gefährlichen Gegenständen zu nähern, stell dich vor den Gegenstand und zeige deinem Pferd deutlich, dass du diese Situation übernehmen wirst und es sich auf dich verlassen kann.

Hier siehst du zwei ältere Bilder (5-2-1 und 5-2-2, Seite 112). Rudi war damals noch jung und hatte Angst vor einer Decke über einem Gartenstuhl. So kannst du auch das Scheutraining üben:

5-2-1

Auf den Bildern siehst du, wie ich mit Rudi die gefährliche Situation meistere. Ich bewege mich zwischen dem gefährlichen Gegenstand und meinem Pferd und sage ihm »Bleib hier weg. Falls ein Säbelzahntiger rauskommt, werde ich ihn bekämpfen und dich beschützen.«
Rudi bleibt völlig gelassen. Je mehr Situationen wir auf diese Art meistern, desto mehr Vertrauen hat mein Pferd und nach einiger Zeit wird ihn gar nichts mehr aus der Ruhe bringen, denn er hat in meinem Beisein immer nur gute Erfahrungen gemacht.

Noch ein paar Beispiele zum Thema Sicherheit im Straßenverkehr:

Bilder 5-2-3 und 5-2-4 (Seite 113)
Zunächst üben wir auf der Weide. Cornelia kommt mit dem Auto auf mich und das

Pferd zugefahren. Mit der Hand signalisiere ich ihr, sie möge bitte anhalten. Das Pferd sieht, dass ein Handzeichen von mir genügt, das Auto gehorcht und hält an.

Ist das Pferd sehr misstrauisch, kann man das gefährliche Auto zusätzlich mit der Gerte bedrohen ... (Bild 5-2-4)

... oder nach ihm ausschlagen (Bild 5-2-5).

Bild 5-2-6 (Seite 114)
Im Straßenverkehr sucht das Pferd meine Nähe und will nicht vor mir flüchten, wenn die Autos von mehreren Seiten drohen. Ich habe auf der Weide bewiesen, dass die Autos mir gehorchen und so vertraut mir mein Pferd auch auf der Straße. Ein deutliches Zeichen an den Autofahrer zur Geschwindigkeitsverminderung funktioniert immer, das Auto wird langsamer und die Gefahrensituation ist entschärft.

Bild 5-2-7 (Seite 114)
Sehr schnell vertraut das Pferd dann auch, wenn man nicht mehr agiert sondern einfach gelassen bleibt.

Bild 5-2-8 (Seite 114)
Wenn man mit Handzeichen einen Autofahrer gebeten hat, langsamer zu fahren, ist es sehr wichtig, sich dann auch freundlich für die Rücksichtnahme zu bedanken. Die Situation ist insgesamt entspannt, man nähert sich dem Auto, ohne dass etwas Negatives passiert.

Diese Situationen kann man auch gut erst mit Freunden und Bekannten und deren Autos und Treckern durchspielen, bevor man sich im norma-

5-2-3

5-2-4

5-2-5

len Straßenverkehr ohne Probleme mit seinem Pferd bewegen kann.

Die wichtigsten Regeln beim effektiven Scheutraining am Boden:

Beschütze dein Pferd! Zeige ihm, dass es sich bei dir sicher und gut aufgehoben fühlen kann.

Schau nicht auf dein Pferd, lasse es hinter dir rückwärts vor der Gefahr Schutz finden.

Wenn das Pferd große Angst zeigt, die Gefahrenquelle laut und möglichst lachend oder drohend ansprechen – das nimmt den Stress aus deiner At-

5-2-6

5-2-7

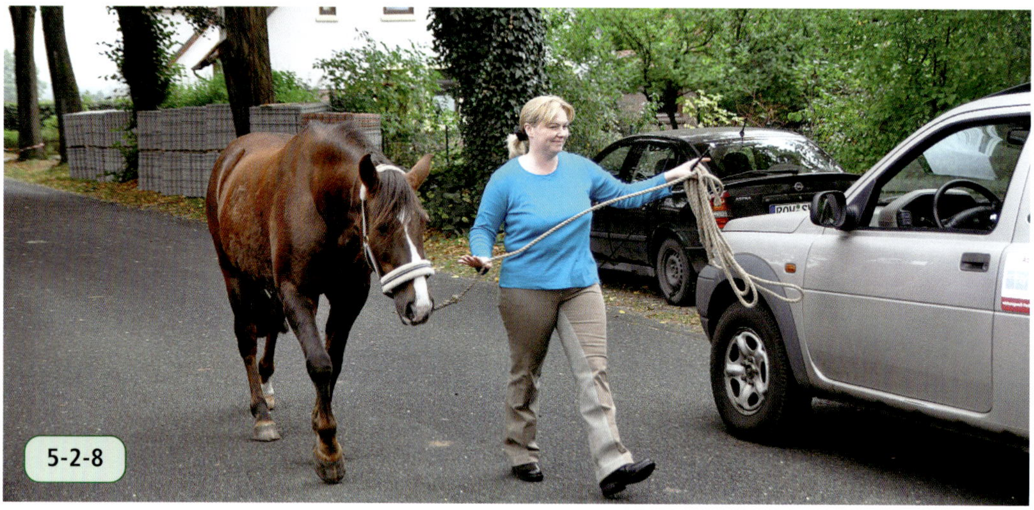
5-2-8

mung und Körperhaltung und beruhigt das Pferd (z. B.: »Hallo, Sie da im Gebüsch, wir kommen jetzt! Was wollen Sie da? Verschwinden Sie gefälligst!«).

Bleibe eventuell mit deinem Pferd nicht nur stehen, sondern lass es deutlich rückwärts von der Gefahrenquelle weg treten und warte einfach mal einen Augenblick ab, damit das Pferd die Gelegenheit hat, über die Situation nachzudenken.

Beschäftige dich mit irgendetwas ganz Alltäglichem, z. B. Nase putzen oder Haare aus dem Gesicht streichen. Hierdurch signalisierst du deinem Pferd, dass man nicht besonders aufmerksam sein muss, weil es keine Gefahr gibt.

Bleibe immer zwischen der vermeintlichen Gefahr und deinem Pferd. Wenn das Pferd flüchten will, wird es von der Gefahr weg wollen und sie also nicht umrennen. Du selbst befindest dich also nicht in Gefahr!

Falls die Gefahr mit anderen Menschen zusammenhängt (Jogger, Autofahrer, Radfahrer, Treckerfahrer): Sprich oder rufe dem Anderen zu (am besten mit deutlichem Handzeichen »Stopp«), dass dein Pferd Angst hat und er sich bitte nur langsam nähern möchte. Der Andere reagiert und dein Pferd sieht, wie mächtig du einem vermeintlichen Feind gegenüber bist: ein Wort und ein deutliches Handzeichen genügen, und der Andere reagiert. Bedanke dich bei deinen Mitmenschen für die Rücksichtnahme!

5.3 Gefahrensituation während des Reitens – die Angst vor dem Sturz

Sehr viele Reiter haben Angst davor, vom Pferd zu stürzen. Auch das ist eine völlig normale und wichtige Angst, die uns vor Leichtsinn und Verletzungen schützt. Auch hier reagieren wir auf dem Pferd unseren Instinkten entsprechend, sobald wir die Gefahr des Sturzes (vor unserem inneren Auge) auf uns zukommen sehen, und auch hier müssen wir unsere eigenen Instinkte »austricksen«, um überlegt und routiniert handeln zu können.

Bei der Analyse von Sturzgefahren kommt schnell heraus, dass Reiter, die oft stürzen, sich in einem Teufelskreis befinden, der weitere Stürze begünstigt: Zu Beginn steht eine schlimme Erfahrung. Man ist gestürzt und hat sich dabei wehgetan oder sogar schwer verletzt. In Zukunft passiert dann das: Der Mensch spannt alle Muskeln in Fluchtbereitschaft an, sobald er sich auf dem Pferd unsicher fühlt. Er klammert sich mit den Beinen fest und spannt die Gesäßmuskeln an. Hierdurch sitzt er nicht mehr in der Pferdebewegung, sondern wird wie bei einem Trampolin in die Höhe geschleudert. Das Pferd empfindet diesen angespannten Körper des Menschen auf seinem Rücken als sehr schmerzhaft und wehrt sich. Der Mensch wird vom Pferd katapultiert.

Das Pferd hat in Zukunft unter dem Reiter immer Angst, dass der Reiter wieder so anspannen könnten und ist sehr unsicher. Der Reiter spürt die Unsicherheit des Pferdes und wird selber immer unsicherer. Der Beginn des Teufelskreises ist wieder erreicht.

Was kann man tun? Um diesem Teufelskreis zu entfliehen, sind mehrere Maßnahmen sinnvoll, die alle parallel geübt werden sollten. Oberster Merksatz dabei ist: Je gefährlicher die Situation, umso beweglicher im Becken! Sobald mein Körper sich instinktiv und reflexgesteuert steif macht, ist das Risiko vom Pferd zu fallen extrem hoch. Solange ich mit meinem Becken der Pferdebewe-

gung so elastisch wie möglich folge, ist das Risiko vom Pferd zu fallen auf ein absolutes Minimum reduziert.

Auch hier ist es sinnvoll, die Situationen genau zu analysieren und darüber nachzudenken, wann es eigentlich wirklich gefährlich wird. Setze dich wieder hin, schreibe genau auf, wie eine Angstsituation abläuft und überlege dir einen Plan, wie du in Zukunft agieren willst. Übe diese Situationen. Auch das weiche Mitschwingen im Becken in einer gefährlichen Situation kann man gut üben.
Auf den folgenden Seminarbildern siehst du einige Anregungen.

Bild 5-3-1

1. Übung: *Setze dich so hin, wie du auch auf dem Pferd sitzen würdest. Erinnere dich an eine gefährliche Situation und spiele diese gedanklich mit weich mitschwingendem Becken durch. Lasse dir dabei viel Zeit. Genieße das Gefühl: Dein Oberkörper wird hin und her geworfen, aber dein Gesäß wird von einem unsichtbaren Magneten in der Mitte des Pferdekörpers festgehalten, du bist völlig locker und kannst nicht fallen.*

Bild 5-3-2

2. Übung: *Nun stelle dich auf eine wackelige Unterlage und lasse dich von jemand anderem anstoßen. Hier machen Claudia und Carolin diese Übung auf einem Trampolin. Claudia stößt Carolin an verschiedenen Stellen des Körpers an und Carolin gleicht die jeweiligen Stöße durch Beckenbewegungen aus. So kann sie problemlos* *stehen bleiben und kommt nicht aus dem Gleichgewicht.*

Bild 5-3-3
***3. Übung:** Hier haben wir den Sattel über eine Stange gelegt. Carolin setzt sich in den Sattel und Claudia und Johanna tragen Carolin. Claudia spielt die Vorhand des Pferdes und springt immer mal wieder ganz plötzlich ein Stück zur Seite.*
Carolin geht einfach weich im Becken mit und kann so alle Bewegungen problemlos aushalten, ohne aus dem Gleichgewicht zu kommen.

Bild 5-3-4
Hier haben wir den Sattel mit Sattelbock auf das Trampolin gestellt. Claudia spielt den Reiter und lässt sich von Carolin und Johanna hin- und herschubsen. Auch hier ist das weiche Mitschwingen im Becken nach vorne und zu beiden Seiten das Übungsziel.

Bild 5-3-5
Hier macht Ulrike die gleiche Übung und hat dabei die Augen geschlossen, um sich ganz auf das Gefühl des weichen Mitschwingens konzentrieren zu können, damit es sich im Gedächtnis fest einprägt.

5-3-3

5-3-4

5-3-5

Die wichtigsten Regeln beim effektiven Scheutraining auf dem Pferd

Besseres Reiten: Je weicher du mit deinem Becken in der Bewegung sitzt, desto sicherer sitzt du auch. Das gelingt dir am besten, wenn du durch andere Sportarten deinen Körper fit und gelenkig hältst. Also helfen dir schon die Kapitel 1 bis 3 dieses Buches. Viele Reiter haben mir nach

Seminaren gesagt, dass ihre Angst ganz von selbst weniger wurde, je mehr sie die PHYSIO-RIDING-Übungen gemacht hatten, einfach nur, weil sie sich durch die körperlichen Veränderungen und die veränderte Reitweise wohler und sicher gefühlt haben.

Solange deine Körpermitte so nah wie möglich an der Körpermitte des Pferdes bleibt, kannst du nie herunterfallen, egal was das Pferd macht. Stell dir vor, deine Körpermitte und die Körpermitte des Pferdes ziehen sich magnetisch an, ohne dass du es ändern kannst.

Die Bewegungen des Pferdes analysieren und üben: Ein Sprung zur Seite ist wie eine halbe Galopppirouette. Reite in Zukunft eine halbe Galopppirouette, wenn dein Pferd an einem Gegenstand nicht vorbei will. Ein Scheuen ist wie ein Seitengang im Trab, reite seitwärts, wenn dein Pferd vor irgendetwas Angst hat.

Lege es nicht darauf an, von deinem Pferd zu verlangen, einer Gefahr nah zu begegnen. Weiche ihr aus, wann immer ihr die Gelegenheit dazu habt. Es ist ein Irrglaube, dass man ein Pferd zu etwas zwingen muss, damit es nicht bei jeder Gelegenheit wieder das gleiche Verhalten zeigt.

Gefahrensituationen kann man deutlich entschärfen, indem man ausweicht. Das ist kein Zeichen von Schwäche und auch keine Situation, in der das Pferd »gewonnen« hat, sondern es ist einfach nur vernünftig.

Absteigen: Wenn es gefährlich wird, einfach absteigen und das Pferd beschützen.

Falltraining: Man kann zwar das Risiko, vom Pferd zu fallen auf ein Minimum reduzieren, aber natürlich kann man es nicht ganz ausschließen. Ist es aber mal passiert, kann man lachend wieder aufsteigen, wenn man über eine gute Falltechnik verfügt.

Deshalb sollte jeder Reiter lernen, seinen Körper beim Fallen gut abzurollen. Das kann man alleine üben, wie hier auf den Bildern zu sehen, oder man sucht sich einen Lehrer für Judo oder Karate. Der kann einem Reiter viel über gutes Fallen beibringen.

So geht es am einfachsten, wenn man es alleine üben will:

Knie dich auf eine weiche Matratze. Führe die folgende Bewegung sehr langsam aus.

Bilder 5-3-7 bis 5-3-9

Knie dich vor eine weiche Matratze oder geh in die Hocke. Führe die folgende Bewegung sehr langsam aus. Lasse dich langsam über die Schulter weich zur Seite abrollen.

Bild 5-3-10

Später kannst du den Schwierigkeitsgrad erhöhen und dich direkt aus einem Sattel seitlich abrollen lassen.

SITZEN UND REITEN – WIE SOLL ES SICH DENN NUN ANFÜHLEN?

Zusammenfassung und Schlussfolgerungen

6

Am Anfang des Buches habe ich darüber geschrieben, dass die Basis alter Reitlehren nicht mehr die ist, nach der heute Reiten gelehrt werden sollte. Danach hast du eine ganze Reihe von Fühlerfahrungen gemacht und dabei viele Informationen bekommen, was auf dem Pferd gute und was schlechte Einwirkung ist. Nun wollen wir zusammenfassen, wie aufgrund unserer Erkenntnisse aus dem therapeutischen Bereich eine gute Reitlehre aufgebaut sein sollte.

Wichtigste Grundgedanken einer modernen Reitlehre:

1. Der Reiter sollte die natürlichen Bewegungsabläufe des Pferdes so wenig wie möglich stören. Durch unsere Fühlerfahrungen haben wir gelernt,

dass jede Einwirkung auf dem Pferd das natürliche Muskelgleichgewicht der Biomechanik stört.

Beispiele:

- Wenn wir mit den Beinen (Schenkeln) drücken wird das Pferd durch Anspannen von Muskeln reagieren und Gegendruck erzeugen.
- Wenn wir am Zügel ziehen (einseitig oder beidseitig), wird das Pferd durch Anspannen der Halsmuskeln und Gegendruck mit dem Kopf reagieren.
- Wenn wir unseren Oberkörper anspannen, wird das Pferd durch Anspannen der Rückenmuskeln reagieren und dadurch unrittig und steif werden.
- Wenn wir das Pferd bedrohen, wird es Angst haben und instinktiv Muskeln abwehrend anspannen.

Folglich muss unser zweiter Grundsatz lauten:

2. Der Reiter sollte mit dem Pferd so kommunizieren, dass das Pferd alle Bewegungen selbstständig vom eigenen Gehirn gesteuert ausführt.

Erklärung: Wenn ich mit meinem Hund spazieren gehe und ich möchte, dass er »bei Fuß« geht, kann ich entweder

a) ihn an die Leine nehmen und so kurz halten, dass er gezwungen ist, direkt neben mir zu gehen, oder ich kann

b) ihm das Kommando »bei Fuß« geben und er entscheidet sich dafür, diesem Kommando zu gehorchen und bleibt freiwillig neben mir.

Genauso kann ich ihn

a) auf den Rücken drücken bis er unten liegt oder

b) das Kommando »Leg dich hin« geben, und er legt sich selber freiwillig neben mir nieder.

Die jeweilige A-Version ist nicht schön, sie erzeugt Stress und Muskelanspannung, die B-Version sollte immer vorgezogen werden.

Über einen dritten Grundsatz müssen wir noch sprechen:

3. Das Pferd muss sich unter dem Reiter versammeln, damit es seinen Rücken ungestört benutzen und seine Vorhand entlasten kann.

Der Reiter sitzt auf dem Brustkorb des Pferdes, und dieser wird von allen vier Pferdebeinen bewegt. Stell dir vor, die Sitzfläche ist wie eine Torte in Viertel aufgeteilt. Jedes Viertel wir von einem Bein beeinflusst. Hierbei ist es wichtig zu wissen, dass die Beeinflussung des Reiters in dieser Weise erfolgt: Das Vorderbein wird nach vorne geführt, der Sattel sackt im entsprechenden vorderen Viertel ein Stück nach unten. Das Vorderbein wird zurückgeführt, der entsprechende Sattelteil kommt wieder hoch. Das Hinterbein wird nach vorne geführt, der Sattel sackt etwas ab, das Hinterbein fußt auf und beginnt zu stemmen, der Sattel kommt im entsprechenden Viertel hoch.

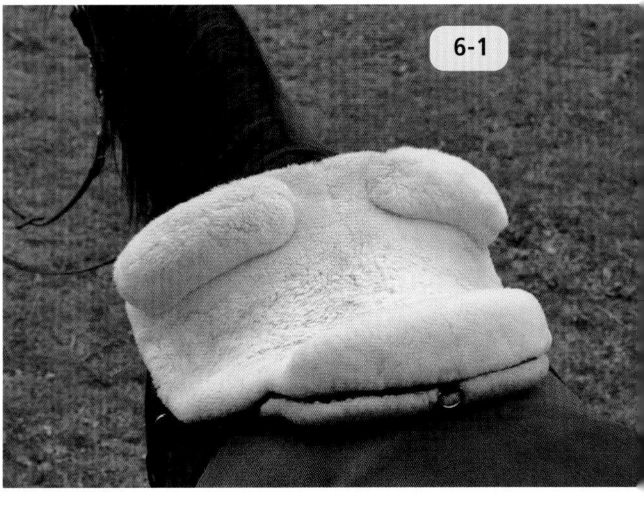

6-1

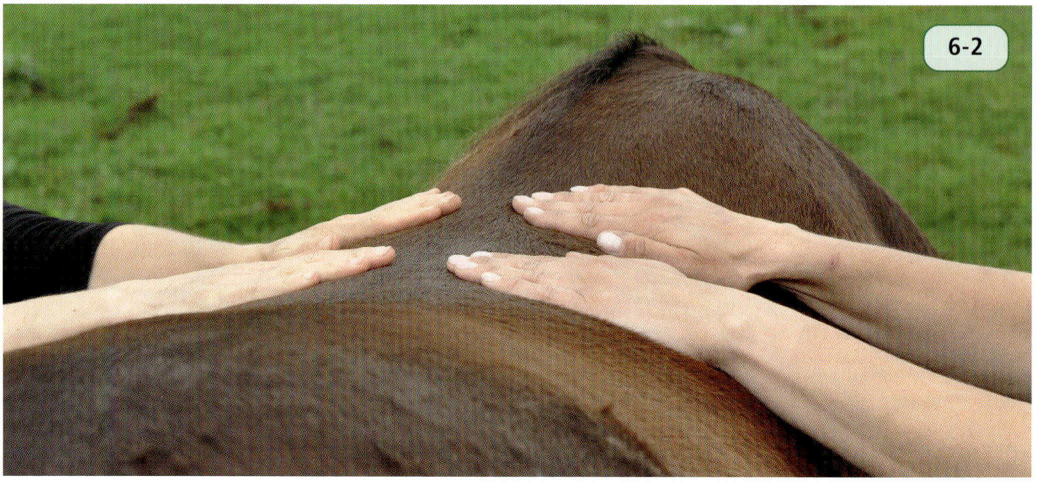

Bild 6-2

Diese Übung eignet sich gut um die Rückenbewegungen des Pferdes zu verstehen. Zwei Reiter legen ihre Hände in die Sattellage. Dann wird das Pferd geführt, alle Reiter bewegen sich mit und jeder erzählt, was er mit seiner Hand fühlt.

Im Schritt werden alle Beine einzeln nach vorne bewegt. Dabei ist es relativ leicht, sich mit dem Becken wie in einer »rollenden Acht« mitzubewegen. Im Trab ist das gute Sitzen deutlich schwieriger. Wenn das Pferd trabt, wird der Mensch immer vom diagonalen Beinpaar angehoben, während das andere diagonale Beinpaar absinkt. Hierdurch entsteht das Gefühl, dass der Rücken sich immer auf und ab bewegt. Es ist sehr schwer, in dieser Bewegung mit dem Becken harmonisch mitzuschwingen.

Wenn sich das Pferd versammelt, wölbt es die Lendenwirbelsäule auf. Dadurch kippt das Becken und die Hinterbeine treten weiter unter den Körper. So wird der Reiter mit den Hinterbeinen – je nach Versammlungsgrad – weniger oder bei starker Versammlung gar nicht mehr in den hinteren beiden Vierteln der Sitzfläche angehoben. Der Reiter muss sich mit seinem Becken nur noch den Bewegungen der beiden Vorderbeine anpassen, und das ist deutlich angenehmer und einfacher!

Dazu kommt noch ein weiterer Umstand. Das Pferd ist vergleichbar einem Auto mit Vierradantrieb. Es kann die Motorkraft aus den Vorderbeinen holen und die Hinterbeine »rollen« einfach hinterher, oder es kann die Motorkraft aus den Hinterbeinen holen und die Vorderbeine werden wie eine Schubkarre vor dem Körper her geschoben.

In der freien Bewegung variiert das Pferd seine Antriebsart nach Gutdünken, mal ziehen die Vorderbeine, mal schieben die Hinterbeine, mal arbeiten alle vier Beine gleich stark. Sobald der Reiter auf dem Pferd sitzt, wird das Pferd dazu neigen, mit Vorhandantrieb zu laufen. Wenn der Reiter aber das Pferd immer wieder dazu anregt, fleißig mit den Hinterbeinen zu schieben und sich dann zu versammeln, entsteht für den Reiter das wunderbare Gefühl, von den Hinterbeinen sanft und weich in die Vorhandbewegung geschoben zu werden.

Die Bewegungen von Pferd und Mensch werden zu einer Einheit, der Reiter hat das Gefühl, nicht mehr auf dem Pferd zu sitzen und sich den Bewegungen anzupassen, sondern im Pferd zu sitzen und ganz selbstverständlich mit dem Pferd die gleichen Bewegungen zu machen.
Man wird zu einer wunderbaren Einheit, die für Mensch und Pferd äußerst angenehm ist, denn auch das Pferd spürt die einheitliche Bewegung und kann mit seinen Rückenmuskeln ohne falsche Anspannungen elastisch und gesund arbeiten

6.1 Die modernen Ausbildungsgrundlagen des PHYSIO-RIDING

Die Ausbildungsskala der alten klassischen Lehren, die auch die FN übernommen hat, bezieht sich ausschließlich auf die Ausbildung des Pferdes unter dem Reiter. Nach unseren modernen Erkenntnissen sollte die Ausbildung von Reiter und Pferd nach folgendem Muster aufgebaut werden:

1.Stufe:
Kommunikation und eine gemeinsame Sprache lernen
Psychische und physische Gelassenheit für Reiter und Pferd durch Erlernen einer gemeinsamen Kommunikation. Diese Kommunikation findet statt mit einer aussagekräftigen Körpersprache und Stimmkommandos, es werden moderne Lerntechniken wie beispielsweise das Clickertraining genutzt.

2. Stufe:
Körperliche Fitness von Reiter und Pferd
Der Reiter sollte seinen Körper auf die Anforderungen während des Reitens vorbereiten. Das Pferd sollte durch tierphysiotherapeutische Trainingsmethoden, Bodenarbeit und die Arbeit am langen Zügel körperlich auf das Tragen des Reiters vorbereitet werden.

3. Stufe:
Ein gemeinsames Gleichgewicht finden
Das Reiten beginnt: Das Pferd lernt durch das Reiten der vorher am Boden geübten Lektionen unter Nutzung der vorher geübten Kommunikation, sich unter dem Reiter auszubalancieren, den Hinterhandantrieb zu benutzen und sich zu versammeln, um die Vorhand zu entlasten.

4. Stufe:
Gemeinsam Schwung und Ausdruck entwickeln
Reiter und Pferd lernen, das Gleichgewicht auch bei schwungvolleren Bewegungen zu halten.

6.2 Der Sitz und die Bewegung des Reiters

Grundsätzlich gilt: So stabil wie möglich im Oberkörper, so beweglich wie möglich im Becken und Bauch, Beine hängen lassen, die Hände stehen dem Pferd als Balancierhilfe zur Verfügung.
Nehmen wir noch einmal die Tabelle zur Hand, die du schon im Kapitel 5 zum Erkennen unbewussten Angstverhaltens gesehen hast. Nun füllen wir sie so aus, wie es richtig sein sollte (siehe Seite 124).

! Kein Muskel im Körper ist ständig angespannt!

Körperteil	Tätigkeit – So sollte es sein
Kopf	gerade und aufrecht, gelassener Gesichtsausdruck
Augen	schauen mit weitem Blick geradeaus in die Landschaft
Halsmuskeln vorne	Stabilität
Halsmuskeln hinten	Stabilität
Übergang Schultern/Nacken	entspannt hängende Schultern
Schulterblätter	Stabilität
Brustmuskulatur	entspannt
Gerade Bauchmuskeln	sorgen für Stabilität + maxim. Mobilität der Lendenwirbelsäule
Schräge Bauchmuskeln	sorgen für Stabilität und Mobilität der Lendenwirbelsäule
Langer Rückenmuskel	entspannt
Breiter Rückenmuskel	Stabilität
Gesäßmuskeln	entspannt
Oberschenkelmuskeln hinten	entspannt
Oberschenkelmuskeln vorne	entspannt
Oberschenkelmuskeln innen	entspannt
Unterschenkel	entspannt
Fuß	entspannt
Oberarme	Stabilität
Unterarme	entspannt
Finger	elastisch, federnd, weich
Daumen	hält den Zügel durch Druck auf Zeigefinger

6.3 Kommandos und Verständigung mit dem Pferd

Im Prinzip ist es dir völlig freigestellt, auf welche Kommunikationsmöglichkeiten du dich mit deinem Pferd einigst. Am einfachsten ist es so: Der Reiter benutzt Stimmkommandos für:

- anhalten (Beispiel: »Stopp«)
- die Gangart (Beispiel: »Schritt« – »Trab« – »Galopp«)
- rückwärts (Beispiel: »rück«)
- Seitengang (Beispiel: »Seit«)
- etwas schneller bitte (Beispiel: zischen)
- den Takt bestimmen (Beispiel: im gewünschten Takt schnalzen)

Er gibt die Richtung der Bewegung als Körperdrehung vor (rechte Biegung, linke Biegung, Richtung des Seitenganges). Stell dir vor, deine

Augen sitzen auf den Hüfthöckern und schauen in die Richtung in die du reiten willst.

Andere Variationen wären beispielsweise:

- Anhalten = zischen
- Schritt = husten
- Trab = niesen
- rückwärts = tief ausatmen
- seitwärts = Stimmkommandos »links« und »rechts«
- Richtung ändern: Klopfen mit dem Zeigefinger am Halsansatz

Ja, gut, niesen und husten ist wohl etwas unpraktisch. Ich wollte dir damit nur klar machen, dass es ganz bei dir liegt, wie du dich mit deinem Pferd verständigen willst. Übe die gewählten Kommandos während der Bodenarbeit ausgiebig, bevor du sie auf dem Pferd ausprobierst.

So ist die Lehrfolge richtig:

- Üben der Kommandos am Boden
- Üben der Kommandos auf dem Pferd
- Variieren der Kommandos zu sinnvollen Lektionsfolgen, die das Pferd in die gesunde Versammlung bringen.

6.4 Versammlung und Anlehnung

Wie bereits beschrieben muss das Pferd lernen, sich unter dem Reiter zu versammeln. Hier noch mal eine kurze Zusammenfassung: Wenn sich der Reiter auf ein Pferd setzt, wird die Vorhand zusätzlich belastet, weil der Reiter auf dem Brustkorb sitzt, der von der Vorhand getragen wird. Das Pferd reagiert auf diese zusätzliche Belastung, indem es seinen Antrieb aus der Hinterhand einschränkt und vermehrt durch Antrieb aus der Vorhand agiert. Das bedeutet, die Vorderbeine beginnen die Bewegung und ziehen den Körper mit den Hinterbeinen hinterher. Auf die Dauer wird hierdurch die Vorhand des Pferdes zu sehr belastet und es kommt allzu häufig zu Gelenkerkrankungen (Arthrosen, Hufrollenentzündung etc.).

Das Pferd muss also lernen, trotz zusätzlicher Belastung unter dem Reiter mit der Hinterhand weiterhin Schubkraft zu entwickeln und vermehrt mit den Hinterbeinen unter den Körper treten, um die Vorderbeine zu entlasten.

Das Gebiss im Maul des Pferdes soll beim Vorgang des Versammelns als Stütze und Balancierhilfe zur Verfügung stehen. Das Pferd soll sich weich anlehnen und wieder abstoßen können, wenn es eine kleine stützende Hilfe beim Ausbalancieren braucht. Ein guter Vergleich, um sich das zu merken: Wenn jemand Ballett tanzen will, hat er eine

Stange an der Wand und bei schwierigen Tanzfiguren kann er sich mit der Hand immer wieder kurz abstützen, bis die Figur so gut klappt, dass es freihändig geht.
Für das Pferd ist das Gebiss im Maul diese Stütze. Je besser sich Reiter und Pferd miteinander verstehen und je weniger der Reiter das Pferd beim Herstellen des Gleichgewichtes stört, desto weicher wird die Anlehnung.

Durch das Reiten von versammelnden Lektionen und durch versammelnde Lektionsfolgen, geritten mit dieser weichen Anlehnung, lernt das Pferd langsam und allmählich, mit dem Reiter das Gewicht erst in kurzen Phasen und später dann auch in längeren Reprisen auf die Hinterhand zu verlagern und sich gesund zu bewegen. Es ist ganz wichtig, dass dieses künstliche Gleichgewicht ein schwebendes Gleichgewicht ist, das bei jedem Schritt, Tritt oder Sprung neu herstellt werden muss.

Versammelnde Lektionen sind beispielsweise:

- Reiten von Wendungen und Kreisen (Zirkel, Volten, Achten)
- Reiten von Seitengängen (Schulterherein, Travers, Renvers)
- Reiten von Übergängen zwischen den Gangarten und Halten und Rückwärts mit unterschiedlichem Schwierigkeitsgrad
- Reiten von Übergängen innerhalb einer Gangart (versammelter Trab, Mitteltrab, versammelter Galopp, Mittelgalopp)

Je weiter die Ausbildung vorangeschritten ist, desto weniger braucht das Pferd die Anlehnung an ein Gebiss.
Das Ausbildungsziel einer modernen Reitlehre, das Bild der Perfektion sollte deshalb die Grand-Prix-Prüfung auf dem nackten Pferd sein, auf dem ein regungsloser Reiter weder Sporen noch Gerte verwendet.

MÖGLICHE PROBLEME UND LÖSUNGEN

7

Fast alle Probleme zwischen Reiter und Pferd basieren auf einem oder mehreren dieser drei Gründe:

- 1. Die Verständigung klappt nicht.
- 2. Die körperlichen Anforderungen können nicht erfüllt werden.
- 3. Instinktives unbewusstes Angstverhalten.

Jedes Problem zwischen Reiter und Pferd lässt sich lösen, wenn der Mensch sich mit diesem Problem auseinandersetzt, wenn er es genau unter die Lupe nimmt, es analysiert und die Gründe versteht. Das ist manchmal ziemlich mühsam und wir suchen deshalb gerne einfachere Wege.

Das eigentliche Hauptproblem ist, dass der Mensch dazu neigt, mit Problemen falsch umzugehen. Ich will versuchen, das mit einem Bild zu erklären: Die Ausbildung von Reiter und Pferd ist wie eine Treppe mit 1000 Stufen. Auf jeder Stufe lagert ein

Päckchen, gefüllt mit Puzzleteilen für ein großes, schönes Bild, das am Ende der Treppe ganz oben entstehen soll. Jedes Mal, wenn ich eine Stufe erklimme, kann ich die jeweiligen Puzzleteilchen in meinen Rucksack stecken und mitnehmen. Nun kann es immer wieder einmal vorkommen, dass das Betreten einer Stufe nicht möglich ist, weil ein verknotetes Seil sie versperrt. Was tun?

Das Erste, was ich versuche ist: Ich trete mit Kraft gegen das Seil, dadurch zieht sich der Knoten noch fester und ich habe nichts gewonnen, sondern Energie und Zeit verschwendet. (Bedeutet im Umgang mit dem Pferd: Ich verstärke meine Hilfengebung.)

Das Zweite, was ich versuche ist: Ich steige mit einem großen Schritt über diese Stufe hinweg und trete gleich auf die nächsthöhere – auf den ersten Blick eine einfache und funktionierende Lösung, aber auf den zweiten Blick eine schlechte, was mir aber erst später bewusst wird. Von jeder Stufe, die ich übersprungen habe, fehlt mir am Ende das kleine Päckchen Puzzleteilchen, um ganz oben das fertige schöne Bild zu haben. So nützt mir die ganze lange anstrengende Kletterei nach oben nichts, weil ein Puzzle mit fehlenden Teilchen nicht schön aussieht.

Richtig ist es, sich den Knoten des Seils auf einer Stufe genau anzusehen, dann in aller Ruhe mit Fingerspitzengefühl und Intelligenz die Seilenden zu entwirren, so den Knoten öffnen, dann die Stufe zu betreten und sich über das zusätzliche Päckchen Puzzleteilchen zu freuen.

Um einen »Ausbildungsknoten« zu entwirren eignet sich folgende Vorgehensweise:

1. Schritt:
Beantworte dir schriftlich folgende Fragen: Was ist das Ziel (die Stufe), das (die) ich gerade erreichen will? Welches war die nächstniedrigere Stufe? Habe ich diese mit meinem Pferd auch wirklich erreicht oder habe ich schon versucht, Stufen zu überspringen? Was muss ich tun, wie sieht konkret mein Handeln aus, um diese Stufe zu meistern?

2. Schritt:
Nun prüfe genau, ob du das, was du tun willst, auch wirklich machst, schau dir den Knoten an: Hierfür ist es am sinnvollsten, eine Videoaufnahme zu machen und diese genau zu analysieren. Lass dich also filmen, während du mit deinem Pferd arbeitest, und schau dir dann die Aufnahme an. Beantworte dir, während du deine Videoaufnahme anschaust – am besten auch schriftlich – folgende Fragen:

- Was machen meine Füße?
- Was machen meine Beine?
- Was macht mein Becken?
- Was macht mein Oberkörper?
- Was macht mein rechter Arm?
- Was macht mein linker Arm?
- Wie halte ich meinen Kopf?
- Was für einen Gesichtsausdruck habe ich?
- Wie wirkt meine Körperhaltung auf einen unbeteiligt stehenden Zuschauer?
- Was und wie rede ich?

Nun achte genau auf dein Pferd und versuche dir vorzustellen, du siehst ein fremdes Pferd. Beantworte folgende Fragen:
- Wie ist der Gesichtsausdruck meines Pferdes?
- Wie ist die Halshaltung meines Pferdes?
- Was macht mein Pferd mit den Beinen?

- Wie bewegen sich die einzelnen Abschnitte der Wirbelsäule?
- Wirkt mein Pferd interessiert?
- Wirkt mein Pferd gelangweilt?
- Wirkt mein Pferd, als ob es mich nicht versteht?
- Wirkt mein Pferd, als ob es Angst hat?
- Wirkt mein Pferd nervös?
- Wirkt mein Pferd aggressiv?
- Will mein Pferd ganz bestimmten Bewegungen ausweichen?
- Sagt mein Pferd durch sein Verhalten etwas zu mir?
- Verstehe ich das Verhalten meines Pferdes wirklich richtig?

Beantworte dir diese Fragen – egal ob es sich um eine Bodenarbeitsübung oder eine Übung während des Reitens handelt. In den allermeisten Fällen fallen dir bei einer solchen systematischen Videoanalyse eines »Knotens« schon einige Fakten auf, die zur Lösung und Entwirrung beitragen.

Ein interessiertes Pferd.

3. Schritt:
Schreibe dir die Ergebnisse deiner Beobachtungen auf und überlege dir, was du ändern willst. Denke darüber nach, ob du die beschlossenen Änderungen auch in die Tat umsetzen kannst oder ob es vielleicht so ist, dass du eine oder mehrere vorherige Stufen übersprungen hast und deshalb nicht weiterkommst.

Unter Punkt 7.2 findest du die von unserem PHYSIO-RIDING-Coaching-Team entworfenen Tabellen für die Videoanalyse.

7.1 Der erste Schritt – Ziele und Wege zu den Zielen definieren

Häufig ist es so, dass Ziele nicht klar genug definiert werden und so auch kein klarer Weg zu diesem Ziel festgelegt werden kann. Man sollte deshalb immer eine klare Zielsetzung mit einem Oberziel und diversen Stufen als Unterziele definieren.
Fast alle von Reitern definierten Ziele lassen sich in Unterziele auseinander gliedern und je mehr Unterziele ich aufschreiben kann, desto leichter wird es werden, zum Erreichen eines Unterzieles einen passenden Weg zu finden.

Beispiel:
Oberziel: Reiten mit Kommunikation statt mechanischer Beeinflussung
1. Unterziel: Lernen der Stimmkommandos am Boden

2. Unterziel: Lernen der Stimmkommandos auf dem Pferd

Hier habe ich ein Oberziel in zwei Unterziele aufgegliedert. Reicht das? Nein, das erste Unterziel kann ich beispielsweise noch mal so aufgliedern:

Oberziel: Lernen der Stimmkommandos am Boden
1. Unterziel: Stimmkommando »Halt«
2. Unterziel: Stimmkommando »Schritt«
3. Unterziel: Stimmkommando X
4. usw.

Reicht das? Nein, auch hier kann ich wieder – als Beispiel – das einzelne Unterziel so aufgliedern:

Oberziel: Stimmkommando »Halt«
1. Unterziel: im Schritt: Stimmkommando Halt vor einer Wand
2. Unterziel: im Schritt: Stimmkommando Halt vor einer Stange auf dem Boden
3. Unterziel: im Schritt: Stimmkommando Halt neben einer Pylone
4. Unterziel: im Schritt: Stimmkommando Halt ohne Hilfsmittel
5. Unterziel: im Trab: Stimmkommando Halt vor einer Wand
6. Unterziel: im Trab: Stimmkommando Halt vor einer Stange auf dem Boden
7. Unterziel: im Trab: Stimmkommando Halt neben einer Pylone
8. Unterziel: im Trab: Stimmkommando Halt ohne Hilfsmittel

Geht die Aufgliederung noch weiter?
Aber ja doch!
Oberziel: im Schritt Stimmkommando Halt vor der Wand.
1. Unterziel: im Schritt Halt vor der Wand, während ich mich vor dem Pferd bewege und deutliche Handzeichen mit beiden Händen und Stimmkommando gebe
2. Unterziel: im Schritt Halt vor der Wand, während ich seitlich schräg vor dem Pferd gehe und deutliche Handzeichen und Stimmkommando gebe
3. Unterziel: im Schritt Halt vor der Wand, während ich neben dem Pferd gehe und das Stimmkommando mit einem leichten Anheben einer Hand unterstütze

Na, hättest du gedacht, dass es möglich ist, so viele Unterziele aufzuschreiben? Beim ersten Oberziel wäre es gar nicht so leicht gewesen, einen Weg aufzuschreiben, der zum Ziel führt, beim letzten Unterziel ist es sehr einfach, da ist das Ziel eigentlich schon fast der Weg, es fehlt eigentlich nur noch der Zusatz: Erfolg sofort belohnen!
So einfach wie bei den Stimmkommandos ist es auch bei den schwierigsten Lektionen der Dressurreiterei. **Hier ein Beispiel:**

Oberziel: die Traversale während des Reitens
Die Unterziele könnten so benannt werden:
1. Am Halfter an der Hand stehen und die Hinterhand durch leichten Druck mit der Hand im Bereich der späteren Schenkellage einen Schritt seitwärts weichen lassen.
2. Am Halfter an der Hand stehen und das Pferd durch leichten Druck mit dem Finger neben dem Widerrist nach rechts und links schauen lassen.
3. Am Halfter an der Hand das Pferd zwei Schritte Schenkelweichen gehen lassen (Stimmkommando »Schritt« = vorherige Stufe), dabei leichter Druck wie beim ersten Schritt.

Seitwärts: links im Schenkelweichen und rechts im Schulterherein.

4. Am Halfter an der Hand das Pferd drei bis fünf Schritte Schenkelweichen gehen lassen (Kommando und Signal wie beim dritten Schritt).
5. Das Pferd im Schritt gehen lassen und dabei die Halshaltung nach rechts und links variieren wie beim zweiten Schritt.
6. Schritt 1 bis 5 mit Trense und die Kopfwendung mit leichtem Signal am Zügel.
7. Seitengänge mit variabler Kopfstellung im Schritt an der Hand.

Auf dem Pferd:

8. Stehen und die Hinterhand durch leichten Druck mit dem Bein (Signal) einen Schritt seitwärts weichen lassen.
9. Stehen und das Pferd durch leichten Druck mit dem Finger neben dem Widerrist nach rechts oder links schauen lassen.
10. Wie Schritt 3, zwei Schritte Schenkelweichen durch leichtes Signal mit dem Bein.
11. Wie Schritt 4, drei bis fünf Schritte Schenkelweichen gehen lassen.
12. Das Pferd Schritt gehen lassen und dabei die Halshaltung durch leichte Fingersignale am Widerrist variieren.

Nun geht es so weiter: Die Schritte 8 bis 12 mit leichten Zügelsignalen üben. Also sehen die nächsten Unterschritte so aus:

13. Stehen und die Hinterhand durch leichten Druck mit dem Bein (Signal) einen Schritt seitwärts weichen lassen, dabei leichte Zügelanlehnung.
14. Stehen und das Pferd durch leichten Druck mit dem Finger neben dem Widerrist nach rechts oder

links schauen lassen, dabei leichte Zügeleinwirkung mit dem Fingern.
15. Wie Schritt 3 – zwei Schritte Schenkelweichen durch leichtes Signal mit dem Bein bei leichter Anlehnung am Zügel.
16. Wie Schritt 4, drei bis fünf Schritte Schenkelweichen gehen lassen mit leichter Anlehnung am Zügel.
17. Das Pferd Schritt gehen lassen und dabei die Halshaltung durch leichte Fingersignale am Widerrist und Zügel variieren.
18. Die Bewegung des Pferdes so koordinieren, dass die Hinterhand zwei Schritte weicht und die Kopfstellung dabei in die Bewegungsrichtung ist.

Fertig – die ersten Schritte im Travers sind vollbracht. Wenn man nun daran arbeiten will, die Traversbewegung in verschiedenen Gangarten und mit mehr Schwung zu reiten, gibt es mehrere vorher zu erreichende Ziele, nämlich:

- das Antraben und Angaloppieren mit Stimmkommando
- das Tempo variieren durch Stimmkommando (z. B. »Ho« für langsamer und schnalzen für mehr Schwung)

Erreicht man auch diese Ziele durch entsprechende Unterzieldefinierung, hat man so viele Puzzleteile zusammen, dass man das Bild der perfekten Traversale in allen Gangarten und mit tollem Schwung darstellen kann.
Die einzige Voraussetzung, dass diese Lernfolge so funktioniert ist, dass die Verständigung zwischen Mensch und Pferd klappt, ohne dass einer der beiden Sportpartner Angst empfindet. Beide müssen sich gemeinsam wohlfühlen! Hierfür ist es immens wichtig, jede (!) richtig ausgeführte Bewegung des Pferdes ausführlich zu loben und zu belohnen.

Merke!

Du siehst, so eine schwierige Lektion wie das Travers lässt sich eigentlich ganz leicht erarbeiten. Je mehr Unterziele du formulierst, desto leichter werden die Wege!

Oft ist der einzige Grund, dass solche Lerntreppen nicht funktionieren der, dass der Mensch dem Pferd nicht deutlich genug sagt und durch Belohnung (Leckerli) zeigt, wann es etwas gut und richtig gemacht hat. Deshalb sollte der Reiter bei der gesamten Ausbildung des Pferdes immer zuverlässig diese Reihenfolge einhalten:
1. Signal geben
2. festes, immer gleiches Lobwort (z. B. deutliches »guuut«) oder Klicker
3. Leckerligabe

Erst wenn ein Unterziel ganz sicher immer wieder gut klappt, kann die Leckerligabe reduziert werden, so dass dann später beim »fertig« ausgebildeten Pferd Belohnungen in normalen Mengen völlig ausreichen und es für das Pferd auch reicht, das Lobwort oder den Klicker zu hören, um zu wissen, dass es auf dem richtigen Weg ist.

7.1.1 Aufbau der Trainingseinheiten

Sicher ist dir schon aufgefallen, dass wir beim PHYSIO-RIDING immer sehr ausgiebig die Bodenarbeit und die Arbeit unter dem Sattel beachten. Aus tierphysiotherapeutischer Sicht sollte es so sein, dass alles, was das Pferd unter dem Reiter lernen soll, vor dem Reiten innerhalb von Bodenarbeitseinheiten gelernt wird.

Das bedeutet nicht, dass man beispielsweise ein halbes Jahr lang Bodenarbeit macht und danach alles, was es in dem halben Jahr gelernt hat, auf dem Pferd übt, sondern es bedeutet, dass Bodenarbeit und Reitarbeit nahtlos ineinander übergehen und sich täglich ergänzen. Ich kann in einer täglichen Trainingseinheit zum Beispiel so arbeiten:

Zeiträume und inhaltliche Gestaltung
1.–10. Minute
Bodenarbeit: Schrittarbeit zum Lösen, einfache Stimmkommandos für die Sammlung und Konzentration
11.–20. Minute
Reiten: Schritt und lösende einfache Trabreprisen
21.–30. Minute
Bodenarbeit: Seitengänge an der Hand
31.–40. Minute
Reiten: die während der Bodenarbeit geübten Seitengänge unter dem Sattel
Feierabend

Wenn du etwas Neues üben willst, denke immer daran, dass das Pferd sich nur wenige Minuten konzentrieren kann. Die Phase einer Trainingseinheit mit einer ganz neuen Übung sollte nie länger als fünf bis maximal zehn Minuten sein. Dann kann das Pferd das neu Gelernte in seinem Gehirn verarbeiten und am nächsten Tag kann man auf den Lernschritt aufbauen. Übt man etwas Neues zu lange, ist der Lernerfolg niedriger weil sich das Pferd nicht einen längeren Übungsablauf merken kann.

7. 2 Den Weg prüfen mit Hilfe der Videoanalyse

Beim Coaching mit PHYSIO-RIDING arbeiten wir sehr gerne mit der Videoanalyse. Wir benutzen Formulare, um unsere Analyse nicht nur auf einen allgemeinen Eindruck zu beschränken, sondern detaillierte Erkenntnisse zu sammeln.

In den folgenden Tabellen findest du unsere häufigsten allgemeinen Beobachtungen, die wir zu den bereits am Anfang des Kapitels aufgeführten Fragen sehen und auflisten.
Probiere es einmal aus, selbst damit zu arbeiten. Du kannst dir entweder für eine ganze Arbeitseinheit mit deinem Pferd eine solche Tabelle ausfüllen, um einen Gesamteindruck zu haben. Oder – und das ist zwar mühsam, aber meistens effektiver – du füllst für eine einzelne Aufgabe, also nur einige Minuten deiner Arbeitseinheit, die ganze Tabelle aus. So kannst du den Ablauf einer einzigen Zielsetzung sehr zuverlässig und aufschlussreich kontrollieren.

Wir benutzen beim PHYSIO-RIDING eine Tabelle für die Beurteilung des Reiters während der Bodenarbeit, eine andere für die Beurteilung des Reiters während des Reitens und eine dritte für die Beurteilung des Pferdes. Die kannst du für Bodenarbeitsübungen und Reitübungen benutzen. In der Regel füllt man also für eine vollständige Videoanalyse immer zwei Tabellen aus, einen für den Menschen und eine für das Pferd.

Fülle erst die jeweils passenden Tabellen aus und schau dann unter Kapitel 7.3 nach. Dort findest du Hinweise, welche Ursachen deine Beobachtungen haben könnten und welche Lösungsmöglichkeiten es eventuell für dich gibt.

Die PHYSIO-RIDING-Coaching-Tabellen als Auswertungshilfen einer Videoanalyse

Tabelle zur Beobachtung des Reiters während der Bodenarbeit

Name des Pferdes: ______________________ Datum: ____________

____

Zielsetzung während der Beobachtungseinheit: ______________________

____

____

____

____

Beobachtung	Notiz / Bewertung
Was machen meine Füße?	
Stehen eher eng zusammen.	
Stehen eher breitbeinig.	
Stehen nie, sondern bewegen sich dauernd.	
Was machen meine Beine?	
Große Schritte.	
Kleine Schritte.	
Ich trete eher immer von meinem Pferd weg als zu meinem Pferd hin.	
Ich habe eher durchgedrückte Knie.	
Ich habe eher gebeugte, federnde Knie.	
Was macht mein Becken?	
Gar nichts zu erkennen.	
Bewegt sich viel.	
Sieht eher steif aus, ich habe ein Hohlkreuz.	

Beobachtung	Notiz / Bewertung
Was macht mein Oberkörper?	
Ich sehe leicht hoch gezogene Schultern.	
Ich halte den Oberkörper sehr gerade.	
Ich beuge mich immer eher leicht nach vorne.	
Wenn mein Pferd auf mich zu kommt, beuge ich mich eher leicht nach hinten.	
Ich drehe meinem Pferd immer meine Vorderseite zu.	
Ich drehe meinem Pferd gerne meine Längsseite zu.	
Was macht mein rechter Arm? (Gertenarm?)	
Ich halte ihn eher unten.	
Ich halte ihn eher oben.	
Ich agiere fast nur mit rechts.	
Ich bin sehr unruhig mit diesem Arm.	
Ich strecke ihn meist nach vorne in Richtung Pferd.	
Ich halte den Arm eher vor meinem Körper.	
Ich halte den Arm eher neben meinem Körper.	
Was macht mein linker Arm? (Gertenarm?)	
Ich halte ihn eher unten.	
Ich halte ihn eher oben.	
Ich agiere fast nur mit links.	
Ich bin sehr unruhig mit diesem Arm.	
Ich strecke ihn meist nach vorne in Richtung Pferd.	
Ich halte den Arm eher vor meinem Körper.	
Ich halte den Arm eher neben meinem Körper.	

Beobachtung	Notiz / Bewertung
Was macht mein Kopf?	
Ich halte meinen Kopf eher gesenkt.	
Ich halte meinen Kopf eher zu hoch.	
Ich halte meinen Kopf gerne schräg.	
Ich halte meinen Kopf immer anders.	
Ich halte meinen Kopf ganz gerade.	
Was für einen Gesichtsausdruck habe ich?	
Ich schaue sehr konzentriert, ernst.	
Ich wirke fast ein bisschen böse.	
Ich mache ein freundliches Gesicht.	
Ich lache sehr viel.	
Ich sehe eher gelangweilt aus.	
Ich zeige keine besondere Mimik.	
Meine Körperhaltung insgesamt wirkt ...	
... ängstlich	
... nervös	
... gelassen und selbstsicher	
Meine Körpersprache ist ...	
... gut verständlich.	
... nicht so gut verständlich.	
... zu allen Seiten gleichmäßig.	
... zu einer Seite schief.	

Tabelle zur Beobachtung des Reiters während der Reittrainingseinheit

Name des Pferdes: Datum:

Zielsetzung während der Beobachtungseinheit:

Beobachtung	Notiz / Bewertung
Was machen meine Füße?	
Fußspitzen zeigen nach innen.	
Fußspitzen zeigen nach außen.	
Fußspitzen zeigen gerade nach vorne.	
Ich ziehe die Absätze hoch.	
Meine Füße hängen einfach entspannt.	
Ich drücke die Absätze extra tief nach unten.	
Ich drücke mit den Absätzen in den Pferdekörper.	
Was machen meine Beine?	
Beine hängen gerade hinunter.	
Ich halte mich mit den Beinen fest.	
Die Beine wackeln sehr unruhig.	
Ich ziehe die Oberschenkel immer wieder hoch.	
Was macht mein Becken?	
Gar nichts zu erkennen.	
Bewegt sich viel.	
Sieht eher steif aus, ich habe ein Hohlkreuz.	
Ich habe eher einen Rundrücken.	

Tabelle zur Beobachtung des Pferdes während einer Trainingseinheit

Name des Pferdes: Datum:

Zielsetzung während der Beobachtungseinheit:

Beobachtung	Notiz / Bewertung
Was macht das Pferd mit dem Kopf?	
Es hält den Kopf eher tief.	
Es hält den Kopf eher hoch.	
Es ist sehr unruhig mit dem Kopf (Kopfschlagen).	
Es hält den Kopf schief.	
Was macht das Pferd mit dem Hals?	
Es streckt den Hals eher hoch.	
Es streckt den Hals eher nach unten.	
Es rollt den Hals eher auf.	
Es trägt den Hals eher zu einer Seite.	
Was macht das Pferd mit der Schulter?	
Es bewegt die Schulter gut.	
Es bewegt die Schulter eher wenig.	

Beobachtung	Notiz / Bewertung
Was macht das Pferd mit den Vorderbeinen?	
Es streckt das Karpalgelenk beim Vortreten.	
Es beugt das Karpalgelenk beim Vortreten.	
Es macht eher großrahmige Vorwärtsbewegungen.	
Es macht eher kleine Schritte.	
Es fußt laut und hart auf.	
Es fußt weich und elastisch auf.	
Was macht mein Pferd mit der Brustwirbelsäule?	
Es wölbt die Brustwirbelsäule stark auf.	
Es hat eine sehr gerade Brustwirbelsäule.	
Am Widerrist ist der Übergang zum Hals harmonisch.	
Am Widerrist ist der Übergang zum Hals eher eckig.	
Was macht mein Pferd mit dem Becken und der Lendenwirbelsäule?	
Becken und Lendenwirbelsäule bewegen sich gut.	
Becken und Lendenwirbelsäule wirken eher unbeweglich.	
Mein Pferd macht eher einen Senkrücken.	
Es sieht so aus, als ob das Pferd bei jedem Schritt im Becken größer wird.	
Es sieht so aus, als ob das Pferd das Becken gut bewegt, aber die Rückenlinie bleibt immer auf gleicher Höhe.	

Beobachtung	Notiz / Bewertung
Was macht das Pferd mit dem Oberschenkel?	
Der Oberschenkel wird sehr gut bewegt.	
Der Oberschenkel wird eher weniger bewegt.	
Was macht mein Pferd mit dem Bauch?	
Der Bauch hängt.	
Man sieht die Bauchmuskeln gut arbeiten.	
Der Bauch wirkt ständig angespannt.	
Was macht mein Pferd mit den Hinterbeinen?	
Es tritt fleißig vorwärts.	
Es tritt eher faul vorwärts.	
Es zeigt viel Raumgriff.	
Es zeigt wenig Raumgriff.	
Man hat den Eindruck, die Hinterbeine folgen dem Körper.	
Man hat den Eindruck, die Hinterbeine schieben den Körper vorwärts.	
Die Hinterbeine werden insgesamt eher gerade vorgeführt.	
Die Gelenke der Hinterbeine sind während der Vorführung stark gewinkelt.	
Was macht mein Pferd mit dem Schweif?	
Die Schweifrübe wirkt eher wenig beweglich.	
Die Schweifrübe schwingt bei jedem Schritt harmonisch.	
Der Schweif wird zu einer Seite gehalten.	

Beobachtung	Notiz / Bewertung
Wir wirken die Bewegungen meines Pferdes insgesamt?	
Harmonisch und elastisch.	
Eher roboterhaft steif.	
Sehr energisch.	
Eher faul.	
Hektisch.	
Gelassen und ruhig.	
Wir wirkt die Körperhaltung insgesamt?	
Eher stolz.	
Eher ängstlich.	
Schief zu einer Seite.	

Nach dem Ausfüllen dieser Tabellen kommt ein zweiter sehr wichtiger Schritt zur vollständigen Analyse. Die wichtigste Frage, die nämlich nun beantwortet werden muss ist die nach den Gründen, nach dem Warum. Zur Videoanalyse gehören deshalb noch drei weitere sehr wichtige Bestandteile. Frage dich bei jeder Aufgabe und Beobachtung, die du notiert hast:

- Zeigen sich in der Analyse meines Pferdes und meiner Bewegungen und Haltungen Parallelen?
- Was habe ich in diesem Moment gedacht?
- Wie habe ich mich in diesem Moment gefühlt?

Wenn du auch diese Fragen beantworten kannst, ist das jeweils auch schon die Antwort auf die Frage »Warum ist das so? Warum mache ich das?«. Um dann Lösungswege zu definieren, gehst du in dieser Reihenfolge vor:

1. Sorge dafür, dass du dich so fühlst, wie du dich fühlen willst.
2. Überlege dir genau, wie und was du wann denken willst.
3. Setze deine Vorsätze in die Tat um.

Die Nr. 1 ist hier oft am schwierigsten zu erfüllen. Es gilt, Faktoren zu finden, die dafür sorgen, dass man sich wohlfühlt, dass man selbstsicher und gelassen wird.

Das kann zum Beispiel sein, dass man bestimmte körperliche Übungen für Reiter macht, die den eigenen Körper in die Lage versetzen, auf dem Pferd anders zu agieren oder es kann sein, dass man sich genau überlegen muss, wie man bestimmte Angstsituationen löst. Es kann auch sein, dass man sich entscheidet, erst mal ein ausgiebiges Scheutraining/Gelassenheitstraining mit seinem Pferd zu absolvieren, bevor man an eine weitere reiterliche Ausbildung denkt.

Manchmal kann einem Reiter klar werden, dass seine eigene körperliche Fitness Schuld daran ist, dass er sich auf dem Pferd nicht gut fühlt und nicht so agieren kann, wie er es sich vorstellt. Hier hilft dann ein Fitnessprogramm für den Reiter mit Sportarten und Übungen direkt gegen das erkannte Problem.

Sehr oft ist es aber so, dass es ausreicht, die Probleme einmal selbst zu sehen und den Grund zu verstehen. Man denkt dann sofort anders auf dem Pferd, und viele Probleme lösen sich buchstäblich in Luft auf. Viele Reiter empfinden ihre Haltung und ihre Bewegungen auf dem Pferd ganz anders als sie aussehen.

Beispiele:

Man glaubt, man reite mit ruhig hängenden Beinen.

Man sieht im Video, dass die Beine gar nicht hängen, sondern immer mal wieder unbewusst angepresst werden.

oder:

Man glaubt, man mache ein entspanntes Gesicht auf dem Pferd.

Man sieht im Video, dass man ein sehr angespanntes Gesicht macht. Beim nächsten Reiten entspannt man dann bewusst das Gesicht und fühlt, wie diese Entspannung durch den ganzen Körper wandert.

oder:

Man glaubt, dass man gerade sitze.

Man sieht auf dem Pferd, dass man nicht aufrecht sitzt, sondern sich nach hinten lehnt oder nach vorne fällt. Weil man es über Jahre so gewohnt ist, fühlt man nicht mehr, dass man nicht gerade sitzt.

Wenn man sich erst einmal angewöhnt hat, mit Videoanalysen zu arbeiten, und dadurch die ersten wertvollen Fortschritte gemacht hat, kann es sein, dass man manchmal Stunden und meterweise Papier verbraucht, um einen Ausbildungsknoten zu analysieren.

Aber wenn man »den Knoten« dann entwirrt hat, ist die Umsetzung, also das Erreichen der Ausbildungsstufe, nur noch ein kleiner und einfacher Schritt.

Wenn man dann erst einmal mal solche guten Erfahrungen gemacht hat, nutzt man dieses Mittel der konsequenten Analyse immer häufiger und gerne, es wird fester Bestandteil der Ausbildung. Ja, es macht richtig Spaß, so genau hinzuschauen und dann die richtigen Geistesblitze für die »Knotenlösung« zu haben.

In der folgenden Liste gebe ich dir Lösungsansätze zu unserer Videoanalysetabelle mit, die dir helfen können, die Probleme konkret zu benennen.

7.2.1 Lösungshilfen für die Videoanalyse

Beobachtungen des Menschen während der Bodenarbeit

Fußhaltung

Überprüfe dein Denken während der Bodenarbeit. Bist du deinem Pferd gegenüber selbstsicher oder eher unsicher? Der Stand deiner Füße kann deinem Pferd verraten, wie du denkst und fühlst.

Wenn ein Mensch seine Füße eng nebeneinander stellt, hat er einen weniger stabilen Stand, als wenn er die Füße etwas breitbeinig stellt. Ein Pferd hat eher Vertrauen zu einem Menschen, der seine Füße breitbeinig stellt.

Wenn du sehr unruhig mit den Füßen immer hin und her »tänzelst«, wird dein Pferd munterer oder nervöser, je nach Naturell. Es kann sich eventuell deine eigene Nervosität und innere Unruhe auf dein Pferd übertragen. Ruhige, energiesparende Bewegungen vermitteln Ruhe und Gelassenheit, machen ein eher träges Pferd aber auch gerne noch ruhiger.

Beinhaltung und Beinbewegung

Versuche immer, alle Bewegungen aus leicht federnden, elastischen Knien heraus zu machen. Das wirkt für das Pferd natürlich und vertrauenerweckend und ist für deinen eigenen Rücken gesund.

Das Pferd achtet auf deine Körpersprache und macht sie sogar nach. Seitwärts übertreten zum Beispiel übt man am besten, in dem man selbst seitwärts übertritt. Das Pferd macht dann mit. Je natürlicher das eigene Gangbild ist, desto sicherer funktioniert die Kommunikation mit dem Pferd mittels der Körpersprache.

Wenn dir das sehr schwer fällt ist es möglich, dass dein eigener Körper nicht im Gleichgewicht ist und du zu viel Körpergewicht allein mit dem Rücken trägst. Eventuell könnte Bauchmuskeltraining oder eine asiatische Kampfsportart für dich eine gute Maßnahme sein.

Wenn du immer eher von deinem Pferd wegtrittst als zu deinem Pferd hin, hat das Pferd den Eindruck, dass du es als ranghöher einstufst als dich selbst. Wenn du zu sehr immer auf das Pferd zugehst, könnte ein unsicheres Pferd das als aggressives Verhalten, als Angriff empfinden und abwehrend reagieren. Große ruhige Schrittbewegungen wirken selbstsicher und geben dem Pferd Sicherheit, kleine schnelle Schritte vermitteln eher Unsicherheit.

Wenn du dich bückst oder läufst, beuge deine Gelenke. Hierdurch wirkt dein Körper für das Pferd sehr vertrauenerweckend und du bist sehr stabil. Auch wenn das Pferd dich mal anrempelt, kommst du nicht gleich ins Schwanken. Auch das Stehen im leichten Ausfallschritt wirkt sehr körperstabilisierend.

Das Becken und der Oberkörper

Bewege während der Bodenarbeit deinen Körper möglichst immer im eigenen Gleichgewicht. Je mehr du deinen ganzen Körper bewegst, also auch dein Becken, desto besser bist du im Gleichgewicht. Das bedeutet nicht, dass du vor deinem Pferd einen ständigen Hüftschwung ausüben sollst. Die Beckenbewegungen sind unauffällig. Eher auffällig ist es, wenn ein Mensch sein Becken nicht bewegt und im Oberkörper sehr steif ist, das Vortreten der Beine wirkt dann steifer und der ganze Körper instabiler. Deinem Pferd ist es sympathisch, wenn dein ganzer Körper sich elastisch und harmonisch bewegt, ähnlich einem Indianer.

Wenn du Probleme damit hast, dich so zu bewegen, kontrolliere wie du denkst, wenn du mit deinem Pferd Bodenarbeit machst. Sind deine Gedanken eher fragend und probierend, bist du eher unsicher oder bist du selbstsicher, fröhlich und hast Vertrauen zu deinem Pferd?

Die Armbewegungen

Hoch gehaltene Arme wirken angreifend, eher aggressiv, eher auch abwehrend auf das Pferd, eine allgemein eher tiefe Haltung der Hände wirkt eher beruhigend und vermittelt dem Pferd große Selbstsicherheit. Ist dein Pferd eher unruhig, nervös, ängstlich, sollten deine Arme immer eher eine tiefe Haltung zeigen, ist dein Pferd sehr träge und gemütlich, wirken hohe Hände eher anregend und aufmunternd.

Sollte es so sein, dass deine Arme sehr unterschiedlich agieren, ist das nicht gut. Wenn du beispielsweise immer sehr viel mit dem rechten Arm und der rechten Hand agierst und wenig mit links, aktivierst du auch nur eine Körperhälfte des Pferdes. Außerdem ist es dann sehr wahrscheinlich, dass du auch auf dem Pferd einseitig zu starke Handeinwirkungen gibst.

Arbeite während der Bodenarbeit immer beidhändig, du musst mit dem Halfterstrick und der Gerte immer mit beiden Händen sicher gleichmäßig und im gleichen Maße einfühlsam wirken und weiche Bewegungen machen können. Übe es in deinem normalen Alltag, Bewegungen mit beiden Händen ausführen zu können.

Der Kopf

Die Haltung des Kopfes ist während der Bodenarbeit sehr wirkungsvoll. Wenn man als Mensch eher immer nach unten guckt, suggeriert man dem Pferd Gleichgültigkeit. Wenn man das Pferd direkt gerade anschaut, wirkt das auf das Pferd so, als ob der Mensch das Pferd um seine Meinung fragt. Das bedeutet für das Pferd, der Mensch ist unsicher und sucht im Pferd eine Führungsperson. Trägt man den Kopf sehr hoch, wirkt das auf das Pferd, als ob man es angreifen will. Keine Kopfhaltung ist grundsätzlich falsch. Alle diese Kopfhaltungen können situationsbedingt eingesetzt werden, je nachdem was man dem Pferd gerade mitteilen will.

Wenn du also auf einer Videoaufnahme deine Kopfhaltung analysierst, achte immer auf die Situation und nicht auf die allgemeine Haltung.

Der Gesichtsausdruck

Dein Gesichtsaudruck ist ein direkter Ausdruck deiner Gefühle. Wenn du dein Gesicht auf dem Video anschaust, überlege immer, ob es Gefühle ausdrückt, die du in dem Moment auch zeigen willst.

Viele Menschen schauen bei der Bodenarbeit immer sehr prüfend und ernst auf das Pferd. Das ist für das Pferd eher unangenehm und es fühlt sich leicht überfordert. Ein entspanntes Gesicht, Lachen und Gelassenheit sind für das Pferd angenehm.

Pferde lieben es, wenn Menschen albern und lustig sind. Wenn du ein ängstliches Pferd oder ein sehr träges und gleichgültiges Pferd hast, bring es mit deinem Gesichtsaudruck und deiner Stimme »zum Lachen«. Du wirst dich wundern, wie positiv das euer Zusammensein beeinflusst.

Die Körperhaltung insgesamt

Deine Körperhaltung ist für das Pferd eine ganz klare Aussage, genauso wie für uns Menschen die Sprache klare Aussagen beinhaltet. Überlege dir genau wie du wirkst und ob du so wirken willst.

Wenn du anders mit deinem Körper sprichst, als du das eigentlich willst, beachte unbedingt deine Gefühle und dein Denken in der jeweiligen Situation. Hier sollten die Themen Angst, versteckte, unbewusste Angst und überspielte Angst sehr ausgiebig durchdacht werden.

Beobachtungen des Menschen während des Reitens

Die Füße

Wenn der Reiter die Fußspitzen betont nach innen dreht, behindert er damit seine eigene Beckenbeweglichkeit. Er sollte die Fußspitzen so halten, dass das ganze Bein weich am Pferdekörper anliegen kann, ohne dabei zu verkrampfen.

Zeigen die Fußspitzen dann extrem nach außen, können durch Dehnungsübungen die inneren Muskeln des Oberschenkels beweglicher gemacht werden, um eine schönere Beinhaltung zu finden. Das ist aber nur notwendig, wenn der Reiter sich mit der Fußhaltung nicht wohlfühlt.

Früher wurde gelehrt, dass die Fußspitzen nach innen zeigen sollen, damit der Reiter das Pferd nicht mit den Sporen ständig traktiert. Wenn man mit hängenden Beinen und ohne Sporen reitet, spielt das keine Rolle und der Reiter kann seine Fußspitzen ruhig nach außen zeigend locker hängen lassen, so wie es sich für ihn gut anfühlt.

Die Beine
Grundsätzlich sollten die Beine weich und unverkrampft am Pferdekörper hängen. Jede Art von Anspannung im Bein beeinflusst negativ die eigene Beckenbeweglichkeit und damit das Pferd in seiner gesamten Körperbeweglichkeit.
Angepresste Knie und hochgezogene Oberschenkel zeigen, dass der Reiter sich auf seinem Pferd nicht sicher und geborgen fühlt.

Das Becken
Das Becken des Reiters sollte sich immer harmonisch in die Bewegungen des Pferdes einpassen. Je beweglicher das Becken des Reiters, desto besser. Je mehr das Pferd mit der Hinterhand schiebt und trägt, desto besser kann sich der Reiter mit seinem Becken der Pferdebewegung anpassen. Ist auf dem Video zu sehen, dass der Reiter sehr große Probleme damit hat, sein Becken harmonisch auf dem Pferd zu bewegen kann das ein Hinweis darauf sein, dass das Pferd mit Antrieb aus der Vorhand agiert.

Der Oberkörper
Der Oberkörper sollte möglichst unbeweglich wirken. Ein unruhiger Oberkörper entsteht meistens, wenn der Reiter sich auf dem Pferd nicht wohl fühlt und Muskeln konstant anspannt.

Der Hals und Kopf
Eine unruhige Hals- und Kopfhaltung entsteht in der Regel, wenn zwischen dem Becken des Reiters und dem Rücken des Pferdes kein harmonisches Bewegungsspiel möglich ist oder wenn die Schultermuskeln des Reiters nicht kräftig genug sind.

Die Arme
Es ist unbedingt darauf zu achten, ob der Reiter mit rechts und links gleich agiert, jede unterschiedliche Wahrnehmung kann sich nur negativ auf die Reiterei auswirken.

Der Gesichtsausdruck
Ebenso wie bei der Bodenarbeit ist es natürlich auch beim Reiten so, dass der Gesichtsausdruck und die Gefühle zusammenhängen. Deshalb auch hier ganz genau überlegen: Gucke ich so, wie ich mich fühlen will?

Beobachtungen des Pferdes während der Bodenarbeit

Die Kopfhaltung des Pferdes
Wenn das Pferd mit dem Kopf sehr unruhig ist, zeigt das meistens, dass es unsicher und überfordert ist. Der Mensch sollte seine gesamte Kommunikation mit dem Pferd kontrollieren. Eine ruhige Kopfhaltung zeigt, dass das Pferd gelassen und zufrieden ist.
Das Pferd sollte immer auf den Menschen achten. Wenn ein Pferd zu ruhig ist, also am Menschen vorbeiguckt oder den Kopf nur am Boden hat, um Gras zu rupfen ist es gleichgültig und hat kein Interesse.
Der Mensch sollte in diesem Fall überlegen, wie er die Arbeit so gestalten kann, dass das Pferd Interesse hat. In den meisten Fällen hilft es, vermehrt zu belohnen.
Hält das Pferd den Kopf ständig leicht schief, könnte es Probleme mit den Ohren haben, es könnte sein, dass es nicht richtig gucken kann oder es leidet unter Muskelverspannungen im oberen Halsbereich. Der Tierarzt bzw. Tierphysiotherapeut sollte das kontrollieren.

Die Halshaltung
Wenn das Pferd sich mit dem Hals aufrichtet,

arbeiten Muskeln, wenn es einen sehr geraden Hals macht, entspannen viele Muskeln und das Nackenband trägt den Hals. Deshalb kann man sagen: Ein eher aufgewölbter Hals drückt in der Regel große Aufmerksamkeit, Wachheit und Unternehmungslust aus, ein sehr gerader Hals eher Langeweile, Faulheit, Gelassenheit.

Während der Bodenarbeit sollte das Pferd seine Halshaltung frei und harmonisch variieren, je nach dem welche Aufgaben ihr gerade absolviert oder ob ihr Pause macht. Trägt ein Pferd seinen Hals immer sehr gerade und hat augenscheinlich Probleme mit der Halsbiegung oder Halsaufwölbung, könnten Muskelverspannungen oder Wirbelblockaden Auslöser sein. Das Problem sollte unbedingt beachtet und gelöst werden, denn wenn das Pferd seinen Hals nicht vollständig bewegen und nutzen kann, kann es sich auch unter dem Reiter nicht ausbalancieren und jede reiterliche Ausbildung kann nur mangelhaft werden.

Die Schulter

Das Pferd sollte seine Schultern frei bewegen können, es muss deutlich zu sehen sein, dass der obere Schulterrand (am Widerrist) bei ausgreifenden Vorhandbewegungen aus deutlich nach hinten gedreht wird. Ist das nicht so, könnten Muskelverspannungen der Grund sein.

Die Vorderbeine

Das Pferd sollte seine Vorderbeine gerade nach vorne strecken können und es sollte genauso selbstverständlich das Karpalgelenk während der Vorwärtsbewegung der Gesamtgliedmaße beugen können.

Hat man bei der Beobachtung der Gliedmaße das Gefühl, das Pferd vermeidet die vollständige Streckung oder Beugung des Karpalgelenkes, könnten gesundheitliche Probleme zum Beispiel mit den Sehnen der Grund sein. Manchmal hilft schon eine regelmäßige Sehnenmassage, um wieder eine bessere Mobilität der Vordergliedmaße zu erreichen.

Achtung! Wenn das Pferd die Vordergliedmaße nicht physiologisch in vollem Umfang nutzen kann, ist es gefährlich, in schnellem oder in sehr schwungvollem Tempo (z. B. Trabverstärkung) zu arbeiten. Die Sehnen könnten geschädigt werden. Wenn das Pferd sehr hart und hörbar auffußt, sind oft Muskelverspannungen im Schulterbereich die Ursache. Wenn das Pferd im Schritt sehr stark federt und nicht mit raumgreifenden Schritten schwunglos (!) schreitet, sind häufig Verspannungen in der Rückenmuskulatur der Grund.

Die Wirbelsäule

Die Wirbelsäule bildet vom Genick bis zum Schweif eine Kette aus Gliedern, die beweglich miteinander verbunden sind. Hat man bei der Beobachtung des Pferdes während der Arbeit das Gefühl, dass sich nicht die Kette in ihrer Gesamtheit bewegt, sondern einzelne Teilbereiche starr wirken, sind häufig Muskelverspannungen der Grund. Ein Pferd, das bereits während der Bodenarbeit solch ein Problem zeigt, sollte so auch nicht geritten werden, es könnte den Reiter nicht gesund und kraftsparend tragen.

Absolviert man während der Bodenarbeit versammelnde Lektionen, wie beispielsweise Übergänge zwischen Schritt und Rückwärtsrichten, muss deutlich zu sehen sein, dass sich die Lendenwirbelsäule aufrichtet, weil das Becken gekippt wird. Bleibt das Becken in seiner Lage und es bewegen sich nur die Gliedmaßen ab dem Oberschenkel, ist das Pferd nicht gut genug vorbereitet, um einen Reiter zu tragen. Tierphysiotherapeutische Übungen für die Beweglichkeit, die Koordination und

Krafttraining für die Hinterhand sollten auf dem Arbeitsprogramm stehen.

Der Oberschenkel

Der Oberschenkel sollte immer aktiv bewegt werden, wenn das Pferd mit der Hinterhand seinen Körper nach vorne schiebt. Die Oberschenkelbewegung sollte aber auch immer im harmonischen Einklang mit der Beckenbewegung stattfinden. Hat man eher den Eindruck, dass der Oberschenkel gegen das Becken drückt, anstatt mit dem Becken eine bewegliche Einheit zu bilden, könnte die Lendenwirbelsäule nicht beweglich genug sein und so das Becken behindern. Auch verspannte Bauchmuskeln verhindern eine Bewegung der Lendenwirbelsäule. Beide Möglichkeiten sollten geprüft werden.

Der Bauch

Zeigt das Pferd einen ständigen Hängebauch, sollten unbedingt die Bauchmuskeln gezielt trainiert werden. Die Tierphysiotherapie bietet da einige tolle Übungsmöglichkeiten.

Zeigt das Pferd einen ständig angespannten Bauch – das erkennt man daran, dass neben dem Brustkorb etwa in Höhe des Knies die sogenannte »Dampfrinne« zu sehen ist –, ist das ein Hinweis auf verspannte Bauchmuskeln. Bauchmuskeln können verspannen, wenn das Pferd mit Sporen geritten wird, wenn der Reiter die Beine immer stark an den Pferdekörper presst oder wenn das Pferd Probleme mit der Atmung hat.

Die Hinterbeine

Bei der Beobachtung der Pferdes in der Bewegung sollte man immer den Eindruck haben, dass der Motor im Becken sitzt und die Hinterbeine mit weit ausholenden, harmonisch gleichmäßigen Bewegungen den Körper nach vorne schieben.
Hat man eher den Einruck, dass der Motor des Pferdes im Schulterbereich sitzt und das Pferd mit den Hinterbeinen nur hinterher läuft, bewegt sich das Pferd nicht mehr physiologisch gesund.
Die Hinterhand insgesamt sollte unbedingt zu mehr Aktivität angeregt werden und speziell die tragenden Muskeln der Hinterhand sollten durch Krafttraining (z. B. isometrische Übungen) aufgebaut werden.
Während der Bewegung der Hinterhand sollten alle beteiligten Gelenke (Hüfte, Knie, Sprunggelenk) gleichmäßig harmonisch aktiv sein. Hat man eher den Eindruck, dass ein Gelenk geschont wird, könnte das ein Hinweis auf gesundheitliche Probleme sein.

Der Schweif

Um hier richtig zu urteilen, ist es wichtig, nicht die Haare anzusehen, sondern sich auf die Schweifrübe zu konzentrieren. In der Bewegung sollte die Schweifrübe sich harmonisch in alle Richtungen bewegen können.

Ein eingeklemmter Schweif kann auf Angst und psychische Probleme hinweisen, ein sehr hoch getragener Schweif zeigt, dass der lange Rückenmuskel angespannt wird, das deutet auf Stress und Bereitschaft zu Flucht oder Kampf hin. Ein peitschender Schweif zeigt, dass das Pferd sich nicht wohl fühlt. Ein schief getragener Schweif kann auf ein grundsätzliches Ungleichgewicht zwischen der linken und rechten Körperhälfte hindeuten.

Der Gesamteindruck

Das Pferd sollte im Zusammensein mit dem Menschen einen zufriedenen und interessierten Eindruck machen. Der Körper in seiner Gesamtheit sollte in alle Richtungen gleichmäßig beweglich sein. In der Bewegung sollte ein gleichmäßiges Muskelspiel zu erkennen sein.

Beobachtungen des Pferdes während des Reitens

Unter dem Reiter gelten im wesentlichen die gleichen Hinweise wie während der Bodenarbeit. Hinzu kommen direkte Zusammenhänge zur reiterlichen Einwirkung, die schnell klar werden, wenn der Reiter auch eine Tabelle für seine eigene Beurteilung ausfüllt. Besonders zu beachten:

Die Kopf- und Halshaltung

Die Haltung von Kopf und Hals wird natürlich einerseits durch die direkte Handeinwirkung während des Reitens beeinflusst. Andererseits aber gilt hier auch zu bedenken, dass der Hals ein Teil der Wirbelsäule ist. Wenn unter dem Reiter die Wirbelsäule des Pferdes im Brust- oder Lendenbereich behindert wird, zeigt das Pferd das auch durch eine hohe Halshaltung.

Die Bauchmuskeln

Der Reiter beeinflusst die Bauchmuskeln direkt durch seine Beine, aber indirekt auch psychologisch. Wenn ein Pferd sich unter dem Reiter nicht wohlfühlt, kann es sein, dass es seine Bauchmuskeln verkrampft.

Die Beweglichkeit der Wirbelsäule bzw. des ganzen Körpers

Wenn der Reiter auf dem Pferd nicht weich und anschmiegsam sitzt und Biegungen durch Bewegungen des eigenen Beckens aktiv unterstützt, wird der Körper des Pferdes unter dem Reiter eher steif und gerade.

Die Vorderbeine

Wenn das Pferd während der Bodenarbeit eine gute Beweglichkeit der Vordergliedmaßen zeigt und unter dem Reiter nicht mehr, ist das ein sehr deutliches Zeichen dafür, dass die Schulter nicht genügend Bewegungsfreiheit hat. Oft ist der Sattel zu eng!

Die Lende, das Becken und die Hinterbeine

Wenn das Pferd während der Bodenarbeit eine

gute Hinterhandaktivität zeigt und das unter dem Reiter nicht mehr macht, ist das ein Hinweis darauf, dass die Lendenbeweglichkeit unter dem Reiter eingeschränkt ist. Das ist oft bei sehr kurzen Pferden zu beobachten.

7.3 Kommunikationsprobleme

Wenn der Mensch mit dem Pferd kommunizieren will, kann es folgende Hinderungsgründe geben:

a) Mangelnde Zeit zwischen Kommando und Reaktion

Wenn man mit dem Pferd kommunizieren möchte, muss man ihm während der Arbeit immer genügend Zeit zum Nachdenken geben. Wenn ein Reiter das Reiten mittels mechanischer Hilfengebung gelernt hat, erwartet er auf jede Art von Einwirkung eine sehr schnelle, reflexartige Reaktion vom Pferd. Will man dann sinnvoll kommunizieren, muss das Pferd jedes einzelne Stimmkommando in Ruhe lernen, um dann später genauso prompt reagieren zu können. Am Anfang der Umstellung ist es aber notwendig, zwischen einem Stimmkommando und einer Reaktion einen Augenblick warten zu können. Wenn die Stimmkommandos zur Routine geworden sind, werden auch die Reaktionen wieder direkt erfolgen.

b) Zu große Ausbildungsschritte

Ein weiteres häufiges Hindernis kann entstehen, wenn die einzelnen Ausbildungsschritte zu groß gewählt werden. Überprüfe deine Ausbildungsplanung und deine Ziele und Unterziele.

c) Undeutliche Sprache

Die Körpersprache des Menschen ist nicht eindeutig oder die Stimmkommandos sind nicht klar genug. Oft werden mehrere Signale auf einmal gegeben, die das Pferd dann nicht alle gleichzeitig verstehen und sortieren kann. Das Pferd kann immer nur ein Signal zur Zeit wahr nehmen, darüber nachdenken und reagieren.
Das kommt sehr häufig vor, wenn der Mensch mit seinen Stimmkommandos anders spricht als mit seinem Körper. Wenn Beispielsweise die Stimme sagt »Komm« und gleichzeitig die Körpersprache »Komm mir nicht zu nah« signalisiert, ist das für das Pferd sehr verwirrend.

Sehr häufige Missverständnisse finden Sie in der unten stehenden Tabelle.

Die Stimme sagt	Die Körpersprache ...
Komm!	... sagt: Komm mir nicht zu nah.
Geh schneller! (schnalzen)	... sagt: Nicht so schnell, ich habe Angst.
Folge mir!	... sagt: Geh nicht hinter mir, ich will sehen, was du tust.
Hab keine Angst.	... fragt (sieht das Pferd an): Wie ist deine Meinung?
Gehorche mir!	... fragt: Was tust du gleich?
oder	**Der Gesichtsausdruck ...**
Ich bin der Boss.	... fragt: Findest du, dass ich der Boss bin?
Hab keine Angst.	... sagt: Ich habe Angst.
Galopp!	... sagt: Nicht so schnell!

7.4 Reiter oder Pferd sind den körperlichen Anforderungen nicht gewachsen

a) Das Pferd ist nicht kräftig oder gesund genug, um die verlangte Übung ausführen zu können. Das trifft vor allem zu, wenn das Pferd Probleme damit hat, versammelnde Lektionen zu lernen.

Pferde können nicht jaulen oder weinen, die einzige Möglichkeit, uns mitzuteilen, wenn mit ihrem Körper etwas nicht in Ordnung ist, wird von uns oft nicht verstanden, sondern als Ungehorsam missverstanden und bestraft. Das ist sehr schlimm. Sobald ein Pferd sich gegen etwas wehrt, sollte man immer ganz genau überlegen, ob körperliche Probleme oder Schmerzen der Grund sind.

Die häufigsten Probleme während des Reitens und deren mögliche Ursachen

Das Pferd ist nicht fleißig, sondern träge.

- Organe sind nicht gesund, das Pferd ist nicht träge, sondern krank.
- Das Pferd lebt im Stress, z. B. im Offenstall mit zu wenig Platz, und ist deshalb ständig erschöpft.
- Das Pferd leidet unter Muskelverspannungen und ist deshalb nicht bewegungsfreudig.

Das Pferd möchte nicht rückwärts gehen.

Beim Rückwärtstreten muss die Lendenwirbelsäule aufwölben, das Becken kippen und die Hinterhand mehr Gewicht aufnehmen. Wehrt sich das Pferd dagegen, können dies die Gründe sein:

- Schmerzen in den Gelenken (Sprunggelenk, Kniegelenke).
- Blockaden im Thoracolumbaragelenk (Übergang zwischen Brust- und Lendenwirbelsäule).
- Die Muskeln der Hinterhand sind nicht kräftig genug (oft wenn Pferde sich ungesunde Bewegungsmuster angewöhnt haben und nun umgeschult werden sollen).
- Muskelverspannungen im Hals oder Rücken.

Das Pferd legt sich auf die Hand, der Reiter hat das Gefühl, den ganzen Kopf zu tragen.

Das Pferd schiebt nicht mit der Hinterhand und trägt zu viel Gewicht auf der Vorhand. Auch hier sind die Gründe oft:

- Mangelnde Kraft in den entsprechenden Muskeln der Hinterhand.
- Muskelverspannungen, die die Beckenbewegung behindern.

Das Pferd geht gegen die Hand an.

Das Pferd möchte nur mit geradem Hals laufen. Mögliche Probleme:

- schmerzende Lymphknoten
- Muskelverspannungen
- Rückenschmerzen

Das Pferd schwingt nicht im Rücken.

Ein Pferd kann nur harmonische Körperbewegungen machen, wenn alle Muskeln kräftig sind und miteinander harmonieren. Wenn Pferde im Rücken hart und fest werden, bedeutet das oft, dass die Bauchmuskeln nicht kräftig genug sind, um mit ihren Gegenspielern im Rücken zu harmonieren. Die geraden Rückenmuskeln spannen dann an und die Wirbelsäule wird zum steifen Brett.

Das Pferd bewegt sich schief.

Wenn ein Pferd über einen langen Zeitraum von einem schief sitzenden Reiter geritten wurde, sind die Muskeln der beiden Körperhälften nicht mehr im Kraftgleichgewicht. Dieses Problem bekommt man durch tierphysiotherapeutische Gymnastikübungen am leichtesten in den Griff.

Das Pferd rennt hektisch.

Dies ist häufig ein Zeichen von Schmerzen oder Lungenproblemen. Dämpfige Pferde haben das trügerische Gefühl, bei mehr Tempo besser Luft zu bekommen.
Wenn Pferde auf zwei Beinen lahmen, bewegen sie sich in kurzen schnellen Tritten, weil sie mit dem Schmerz nicht anders umgehen können.

Das Pferd kann nach dem Durchparieren nicht ruhig stehen bleiben.

Häufig sind Rückenschmerzen die Ursache.

b) Der Reiter kann seinen Körper nicht genug kontrollieren, um das Pferd nicht zu stören.

Es gibt viele Lehrbücher für Reiter, in denen je nach Reitweise der Sitz und die Hilfengebung auf dem Pferd erklärt werden. Und die meisten Lehrer erklären dazu, dass der Reiter sehr beweglich sein muss. Vor allem auf die Beweglichkeit des Beckens wird oft eingegangen. Das ist auch gut so, aber es reicht nicht aus.
Ein Reiter braucht Kraft, nicht im Sinne von »Stärke«, sondern von Stabilität. Er muss in der Lage sein, auf dem Pferd alle Bewegungsmuskeln koordiniert und bewusst einzusetzen, um eine gute, sich aus der Körpermitte bildende Stabilität auf dem Pferd halten zu können.
Ein schwacher Reiter spannt Muskelgruppen auf dem Pferd an und wird dadurch starr. Ein starker Reiter bleibt stabil bei hoher Gelenkbeweglichkeit.
Wenn der Reiter seinen Körper nicht stabil im Gleichgewicht halten kann, stört er das Pferd in der Bewegung und kann keine deutlichen Signale geben.

Beispiele für mangelnde Stabilität, deren Folgen und Abhilfe

Der Kopf wackelt:
Der Reiter hat Probleme damit, die Stabilität auf dem Pferd zu halten, er spannt den langen Rückenmuskel an, um gerade sitzen zu können.
Abhilfe schafft hier z. B. gezieltes Krafttraining für den breiten Rückenmuskel, die Brustmuskeln und die Bauchmuskeln.

Nach hinten lehnen:
Oft kann der Reiter sein Becken nicht genug bewegen und er sollte entsprechende Gymnastik machen. Ein anderer Grund kann sein, dass er zu wenig Kraft in den Armen hat, um dem Pferd in den Momenten des Aufstützens eine stabile Anlehnung zu geben.

Angepresste Beine:
Der Reiter ist nicht kräftig genug, um sein Becken koordiniert zu bewegen und muss sich deshalb mit den Beinen festklammern. Auch hier hilft gezieltes Krafttraining.

7.5 Instinktives, unbewusstes Angstverhalten

Die Themen Angst, Instinktreaktionen und unbewusste Muskelanspannung als Schutzmechanismus sind uns ja bereits im gesamten Verlauf dieses Buches mehrmals begegnet. Hier noch mal ein Überblick über die wichtigsten Zusammenhänge bei Verspannungen

Becken und Bauch:
Becken wird steif – instinktive Fluchtbereitschaft

Kopf, Hals, Thorax mit Schulter und Brust:
Reiter will den Kopf einziehen und spannt dafür die Schultermuskeln an, zieht die Schultern hoch

Hände:
Verkrampfen, sich instinktiv festhalten wollen

Gesäß:
Muskeln werden angespannt – instinktive Fluchtbereitschaft
Beine:
Verkrampfen – sich instinktiv festhalten wollen

Bei fast allen Problemen zwischen Pferd und Mensch spielt das Thema Angst mit eine Rolle. Man sollte deshalb bei der Fehlersuche niemals den Aspekt Angst und instinktives Verhalten ausschließen, auch wenn man glaubt, sich bereits ausgiebig genug damit beschäftigt zu haben.
Nur allzu oft machen uns unsere Instinkte gerade in den Momenten, in denen wir gar nicht mehr damit rechnen, doch mal wieder einen Strich durch die Rechnung. Zu diesem Thema gehört zweifelsfrei auch der richtige Umgang mit Konflikten zwischen Pferd und Mensch, über den ich ja auch am Anfang des Buches bereits geschrieben habe.
Wichtig ist, dass der Reiter selbst sich zu einer klaren und für das Pferd immer gleich bleibenden Linie entscheidet. Ein großes Problem kann es werden, wenn Menschen von ihren Pferden Gehorsam fordern, dessen Grundlage darauf basiert, dass der Mensch kein Vertrauen zu seinem Pferd hat. Oft ist es so, dass Menschen, die im Grunde ihres Herzens Angst vor diesem großen Tier haben, erst recht eher dominant und »streng« ihr Pferd »erziehen« wollen. Überlege dir ganz genau, wie du mit deinem Pferd umgehen willst und welche wahren Gründe du für dein Verhalten dem Pferd gegenüber hast.
Schlimm ist es, wenn ein Pferd an einem Tag sehr gehorsam sein soll und am nächsten Tag lässt man ihm dann doch die eine oder andere Frechheit durchgehen. Überlege dir deshalb ganz genau: Was bedeutet für mich Freundschaft zu meinem Pferd? Vertraue ich meinem Pferd bedingungslos? Wie viel Gehorsam will ich verlangen und warum?

7.6 Wie fange ich am besten an?

Ich möchte mit meinem Pferd einen neuen Anfang machen, aber wie sage ich ihm das?

7.6.1 Der neue Anfang mit dem freundlichen Pferd

Gehen wir erst einmal davon aus, dass das Pferd dem Reiter gegenüber keine Aggressionen oder in irgendeiner Weise gefährliches Verhalten zeigt. Als erstes sollte eine Ist-Analyse stattfinden, für die folgende Fragen beantwortet werden müssen:
Sind die Lebensumstände (Haltung, Futter, Bewegungsangebot usw.) so, dass ich von meinem Pferd erwarten kann, dass es mit mir zusammen gerne einen Ausbildungsweg geht? Ist das Pferd körperlich fähig, den Ausbildungsweg zu gehen, den ich mit ihm gehen möchte (chronische Krankheiten? Alter?)?
Wenn dann festgestellt werden kann, dass die Voraussetzungen stimmen, kann man damit anfangen, einen neuen Weg zu gehen. Erstes Ziel sollte es sein, dem Pferd klar zu machen, dass man mit ihm kommunizieren möchte.
Der Anfang könnte dann so aussehen: Man geht zur Weide und möchte das Pferd holen, um mit ihm eine Trainingseinheit zu veranstalten. Ziel ist, dass das Pferd fröhlich und gerne kommt, wenn ich es abholen will.

Meine Unterziele:
Ich gehe zum Pferd, lege ihm ein Halfter an und lobe es ausgiebig mit einem von nun an immer gleichen Lobwort, z. B. »super«. Ich sage dreimal ausgiebig »super«, streichle mein Pferd ausgiebig und gebe ihm Leckerli. Dann nehme ich das Halfter wieder ab und entferne mich ein paar Schritte. Ich warte einen Augenblick und gehe dann wieder zum

Pferd und wiederhole die Übung. Spätestens bei der dritten Wiederholung hat mein Pferd verstanden, dass zum Halfter und zum Wort »super« ein Leckerli gehört und es wird mir entgegenschauen oder sogar entgegenkommen. Diese erste Eigeninitiative in meine Richtung belohne ich mit einem begeisterten »super!« und Leckerli.

Aus dieser Ausgangsposition kann ich dann schon das Stimmkommando »komm« üben, denn das Pferd wird jetzt schon anfangen darauf zu spekulieren, das Lob und das Leckerli zu ergattern.

Nun wird es in der Regel schon Zeit, dass ich das Stimmkommando »halt« übe. Keinesfalls darf es jetzt so sein, dass das Pferd das Leckerli fordert, dass es mich also anrempelt, in meine Tasche beißt oder auf irgendeine andere Weise aufdringlich wird. Wenn das Pferd auf mich zu kommt oder mit dem Kopf aufdringlich drängelt, gebe ich das Stimmkommando »halt« und strecke dem Pferd meine ausgestreckten Finger entgegen.

Das drängelnde Pferd läuft also in meine ausgestreckten Finger und das ist nicht angenehm. Es bleibt stehen und ich kann es loben (»super«) und ihm dann mit der Hand weg von mir das Leckerli füttern.

Nun kann ich ein Stimmkommando zum Abwenden des Kopfes üben. Ich gebe das Kommando »wende« und drücke mit meinem Zeigefinger leicht gegen den Hals des Pferdes. Dreht es den Kopf von mir weg, kann ich mit »super« loben und das Leckerli auf der anderen Pferdeseite (also von meinem eigenen Körper abgewendet) geben.

So kann ich nach und nach jede Menge Stimmkommandos mit meinem Pferd üben. **Wichtig ist, immer die Reihenfolge einzuhalten:**

1. Stimmkommando
2. auf Reaktion warten oder ggf. durch eigene Körpersprache das Stimmkommando unterstützen
3. deutlich das Lobwort
4. Leckerli geben

Es bleibt nun der eigenen Phantasie des Menschen überlassen, welche Ausbildungsziele er definieren und welche Unterziele er dafür aufstellen will.

Die reiterliche Ausbildung sollte unbedingt mit einer ausgiebigen Videoanalyse des Sitzes beginnen, damit du von Anfang an die Ziele und Kommunikationstechniken, die du dir überlegt hast, auch umsetzen kannst. Dann gilt wie bei der Bodenarbeit: Je kleiner meine Teilziele definiert sind, desto einfach sind sie zu erreichen.

Hauptproblem: mangelnde Motivation

Wenn man mit einem Pferd einen neuen Weg gehen will, das schon sehr lange einen nicht so schönen Weg mit den Menschen gehen musste, ist das Hauptproblem, das Pferd zu motivieren und es dazu zu bringen, wieder Spaß am Umgang mit dem Menschen zu haben. Dann ist das beste Mittel ein Kommunikationstraining, wie es auch beim Clickertraining gemacht wird.

Ich beschreibe hier die Anfänge, die du so ruhig einmal mit deinem Pferd ausprobieren kannst.

1. Berührung mit Gerte an Nase – Stimmenlob »ja« und Leckerli

Das wiederholst du, bis:

2. Pferd sucht die Berührung der Gerte mit Nase – Stimmenlob »ja« und Leckerli
3. Pferd folgt Gerte – Stimmkommando »komm« – Stimmkommando »ja« und Leckerli
4. Gerte zeigt auf Gegenstände – Berührung mit Nase – Stimmkommando »ja« und Leckerli
5. Gerte berührt Fuß – wird angehoben – Stimmkommando »Fuß«, dann »ja« und Leckerli
6. Gerte berührt Brust – Pferd weicht – Stimmkommando »rück«, dann »ja« und Leckerli
7. Gerte berührt Kruppe – Pferd weicht – Stimmkommando »Seit«, dann »ja« und Leckerli

Je besser die Kommunikation klappt, desto motivierter ist das Pferd.

7.6.2 Das aggressive und gefährliche Pferd

Wenn es so ist, dass dein Pferd dich gerne anrempelt, wenn ihm danach ist auch schon mal nach dir schlägt, wenn es dich auch schon gebissen hat oder einfach über den Haufen rennt, wenn du ihm im Weg bist, kann es gefährlich sein, wenn du einen Neuanfang wie unter 7.1.1 beschrieben probieren willst.

Wenn dein Pferd dir gegenüber für den Menschen gefährliches Verhalten zeigt, muss man zunächst herausfinden, warum es das macht und dann sehr darauf achten, dass man jegliches respektlose Verhalten unterbindet. Ein Pferd darf mich nie anrempeln, auch nicht nur manchmal und auch nicht nur ein bisschen, sondern konsequent nie. Diese Konsequenz muss ich während der Übungseinheiten unbedingt einhalten.

Wenn Pferde ihren Besitzern gegenüber »frech« werden, ist es nur selten so, dass die Besitzer alleine einen neuen Weg mit ihren Pferden gehen können. Hier sollte professionelle Hilfe und Unterstützung geholt werden.

Meistens ist es aber so, dass dann der Weg auch gar nicht mehr so schwer zu gehen ist, denn Pferde werden den Menschen gegenüber nur dann aggressiv, wenn sie sich bedroht oder überfordert fühlen. Beides ist nicht gegeben, wenn man einen Ausbildungsweg wählt, der auf Kommunikation und Lernen durch positive Verstärkung basiert. Die meisten Aggressionen und gefährlichen Verhaltensweisen verschwinden von selber ganz schnell.

Ich brauche kein Pferd zu unterwerfen, wie es manche »Pferdeflüsterer« sagen. In den allermeisten Fällen reicht es, das Pferd einfach nur nicht zu bedrohen und ihm nicht weh zu tun.

Beim PHYSIO-RIDING nutzen wir eine Tabelle zur Analyse von Bodenarbeitsproblemen (siehe S. 156).

7.6.3 Allgemeine Hindernisse auf dem neuen Weg

Während der täglichen Arbeit begegnen uns sehr viele kleine und kleinste Probleme, die es zu lösen gilt, um eine neue Ausbildungsstufe zu erklimmen. Da wir beim PHYSIO-RIDING sehr systematisch arbeiten, habe ich auch hierfür wieder eine Tabelle zum Nachschlagen für dich, die dir helfen kann, während der täglichen Arbeit eures neuen Weges weiterzukommen.

Die folgende Liste enthält die Schwierigkeiten, die innerhalb der ersten sechs bis acht Wochen einer »Umschulung« am häufigsten auftreten.

Die möglichen Probleme sind hier mit den Kürzeln P1 bis P31 bezeichnet.

P1: Das Pferd reagiert empfindlich auf Berührungen mit Longe/Bandage.
P2: Das Pferd reagiert empfindlich auf Berührungen mit der Gerte.
P3: Das Pferd reagiert nicht auf meine Stimmkommandos.
P4: Das Pferd reagiert nicht auf Berührungen mit der Gerte.
P5: Das Pferd ist lustlos, unmotiviert, gelangweilt.
P6: Mein Pferd läuft an mir vorbei und zieht an der Longe.
P7: Mein Pferd reagiert nicht auf die Kommando »Halt«, »Schritt«, »rück«
P8: Wenn ich nicht mehr neben dem Kopf meines Pferdes bleibe, sondern meine Stellung nach hinten verändern will, dreht mein Pferd sich um, anstatt geradeaus weiter zu gehen.
P9: Ich kann den seitlichen Abstand zum Pferd nicht erhöhen.
P10: Das Pferd will immer nur in einer Volte um mich herumgehen und nicht auf Zirkelgröße erweitern.
P11: Das Pferd lässt sich ständig ablenken.
P12: Mein Pferd will nicht geradeaus rückwärtsgehen.
P13: Mein Pferd will zuviel seitwärtsgehen.
P14: Mein Pferd macht beim Seitengang kleinere Schritte.
P15: Mein Pferd tritt beim Seitengang untaktmäßig.
P16: Statt Seitengang dreht mein Pferd ganz um.
P17: Mein Pferd lässt sich nicht gerne auftrensen.
P18: Mein Pferd reagiert nicht auf leichte Einwirkung am Zügel.
P19: Mein Pferd reißt den Kopf hoch, sobald ich am Zügel einwirke.
P20: Mein Pferd reißt den Kopf hoch, sobald ich eine Anlehnung herstellen will.
P21: Im Trab wird mein Pferd immer so schnell, dass ich nicht mitkomme.
P22: Im Trab will sich mein Pferd nicht versammeln.
P23: Das Pferd bleibt während der Arbeit nicht gelassen, sondern wird nervös.
P24: Das Pferd will immer grasen, anstatt auf mich zu achten.
P25: Einzelne Lektionen klappen gut, die Kombination mehrerer Lektionen klappt nicht.
P26: Das Pferd lässt sich im Hals nicht biegen.
P27: Mein Pferd will immer mit sehr tiefer Kopfhaltung gehen.
P28: Mein Pferd will nicht mit den Hinterbeinen unter den Körper treten.
P29: Wenn ich rechts neben dem Pferd gehe, kann ich nur die Wendung nach rechts, aber nicht nach links und/oder umgekehrt.
P30: Wenn es anstrengend wird, will mein Pferd nicht mehr mitmachen.
P31: Das Pferd ist träge und muss immer angetrieben werden.

Mögliche Lösungen findest du in der Tabelle auf Seite 156. Die letzte Spalte verweist auf die Probleme P1–P31.

7.7 Weitere Hinweise zu den häufigsten konkreten Problemen

7.7.1 Mein Pferd lernt keine Stimmkommandos

Überprüfe wie du redest. Deine Kommandos müssen eindeutig sein – nur ein deutliches Wort! Sie

Kürzel	Beschreibung	Problem
L1	Deutlich desensibilisieren mit Leckerli, während der Berührung/Konfrontation mit Arbeitsmaterial ausgiebig füttern und loben, tägliche Arbeitseinheiten ohne weitere Forderungen bis das Pferd die Konfrontation als angenehm und positiv empfindet.	P1,2,17,18,19,20
L2	Eventuell versteht das Pferd nicht, warum die Berührung/Konfrontation stattfindet, Anforderungen herunterschrauben, Verständlichkeit des Zieles überprüfen.	P1,2,18,20
L3	Die Gerte als Target beim Clickertraining/Kommunikationstraining benutzen.	P2,4,6,11
L4	Viele Pferde achten nicht mehr auf die Stimme, Körpersprache oder Signale des Menschen, weil sie nicht mehr damit rechnen, dass der Mensch etwas Wichtiges mitteilt. Deutliches Sensibilisieren mit Leckerlibelohnung.	P3,5,6,7,18,24
L5	Den erwünschten Erfolg »zufällig« herstellen, um ausführlich loben zu können.	P2,3,7,4,6,11,18,24,26,2
L6	Die Ausbildung in noch kleinere Schritte unterteilen.	P3,7,16,27
L7	Selbst fröhlicher werden.	P1,2,5,11,24
L8	Vom Tierarzt durchchecken lassen.	P5,12,14–18, 20,26–28
L9	Gasse bauen (Flatterband) und darin die Übung absolvieren.	P6,7,8,12,28
L10	Zwei Gerten benutzen und damit die Bewegungsrichtung begrenzen.	P8,12,29
L11	Mit der Gerte begrenzen.	P6,9,10,29
L12	Erst im Stehen üben, dann nur einen Schritt, dann wenige Schritte, dann länger.	P9,6,16,20,23,26
L13	Für mehr Erfolgserlebnisse sorgen.	P4,11,27
L14	Erst nur mit dem Finger (Händen) und Stimme, dann mit Finger und Gerte/Longe und Stimme, dann nur Gerte/Longe und Stimme, dann eventuell nur Stimme.	P1,2,4,7,9
L15	Überprüfen, ob man vielleicht unbewusst Angst vor der Pferdereaktion hat.	P1,2,3,23,24
L16	Eigene Körpersprache/eigenes Denken überprüfen.	P2,3,5,6,13,20,21,24,29
L17	Die Arbeit mehr als Spiel betrachten, den eigenen Ehrgeiz zurückschrauben, selbst fröhlicher werden.	P1,4,11
L18	Muskeln checken, eventuell sind die geforderten Muskeln nicht kräftig genug oder im Seitenvergleich unterschiedlich kräftig.	P5,7,12,13,14,15,20, 22,26,27,28
L19	Stresspunkte und Mobilität in der WS (LWS!) checken.	P7,12–15,20,21,22,26–2
L20	Biegemöglichkeit in der Wirbelsäule checken, eventuell sind Muskeln verspannt.	P6,12–15,20–22,26–28
L21	Kleinere Lernschritte!	P21,22,23,25,31
L22	Kleinere Lektionsphasen – zunächst reicht nur ein Schritt, dann reichen zwei Schritte, dann reichen drei Schritte, die Schrittzahl nur ganz langsam erhöhen, sehr viel loben und Leckerli!	P3,6,7,9,13,16,20,21,22, 23,29
L23	Erst mal auf kleinerem Raum üben, kleines Viereck (z. B. 10 x 10 Meter) mit Flatterband abgrenzen.	P6,20,21,25,28,29
L24	Kurze Arbeitsphasen, Pausen machen, für mehr Abwechslung sorgen.	P24,28
L25	Deutlicher loben, mehr freuen und lachen! Nicht mit Leckerli sparen!	P5,7,11,24,30
L26	Innerhalb der Arbeitsphasen mehr die Hinterhand aktivieren.	P27
L27	Die Motivation steigern, indem man zunächst ganz oft das verlangt, was das Pferd auch sehr gerne machen möchte und ausgiebig loben, als wäre es etwas ganz besonders Tolles. Erst wenn das Pferd sich positiver engagiert auch Übungen verlangen, die nicht so gut klappen und dann natürlich erst recht ausgiebig loben und freuen.	P14,18,24,28,30,31

dürfen nicht zu schnell und nicht zu leise ausgesprochen werden. Deine Lernschritte müssen so klein wie möglich sein.

7.7.2 Mein Pferd lässt sich am Halfter nicht führen

Ein großes Problem kann es sein, wenn Pferde gelernt haben, dass sie am Halfter immer stärker sind als der Mensch. Bei mir hat einmal ein ehemaliges Schulpferd seinen Altersruhesitz gehabt. Wir haben uns nach anfänglichen kleineren Kommunikationsproblemen sehr gut verstanden aber wenn beispielsweise der Tierarzt kam, musste ich immer zusätzlich zum Halfter eine Trense anlegen, um im Notfall dafür zu sorgen, dass das Pferd nicht vor der Spritze des Doktors einfach davonmarschierte.

Ich empfehle allen Reitern, die mit ihren Pferden ein ähnliches Problem haben, die Trense unter dem Halfter anzulegen, um dann im Ernstfall eine Notbremse zu haben.

7.7.3 Mein Pferd ist hart in der Hand und wehrt sich gegen das Gebiss

Schließe aus, das gesundheitliche Gründe für das Verhalten vorliegen (Zahnarzt!). Wenn alles in Ordnung ist, empfehle ich diese Übung:

Stell dich vor dein aufgetrenstes Pferd. Gib ihm Leckerli, und während es kaut, übst du mit den Fingern in den Trensenringen leichten Druck aus. Viel Stimmenlob dabei und häufig wiederholen. Dann gibst du Leckerli und übst leichten Druck zu einer Seite aus so dass das Pferd, während es kaut, leicht den Kopf wendet (nur angedeutet!).

Nun lege die Zügel über den Hals und halte mit einer Hand am Hals die Zügel so, dass zum Maul hin eine leichte Anlehnung entsteht und gib wieder Leckerli.

Regel:

Je mehr das Pferd gegen die Hand agiert, desto weicher und einschmeichelnder muss sich die Reiterhand verhalten.

Das Pferd lernt auf diese Art, dass es mit der Trense im Maul kauen kann, ohne dass ihm dabei etwas weh tut und es wird auch schnell ohne Leckerli im Maul weich und locker bleiben. Ganz wichtig ist natürlich dabei, dass du auch mit deiner Hand so sensibel und vorsichtig bleibst.

7.7.4 Mein Pferd will immer nur rennen

Auch bei diesem Problem müssen als erstes gesundheitliche Gründe ausgeschlossen werden. Nur wenn du ganz sicher bist, dass dein Pferd unter dem Reiter keine Schmerzen empfindet, wirst du dieses Problem in den Griff bekommen.

So ist der von mir empfohlene Weg: Longiere dein Pferd in allen Gangarten, bevor du dich in den Sattel setzt. Dann sitz auf und bleibe stehen, lobe dein Pferd, gib ein Leckerli und steig wieder ab. Führe ein paar Schritte und sitz wieder auf. Wenn das Pferd ruhig und gelassen bleibt, reite am langen Zügel eine Runde Schritt. Lobe dein Pferd und steig wieder ab.

Wenn das Pferd ruhig bleibt, sitz wieder auf und übe 20 Schritte Schritt und Anhalten abwechselnd einige Male. Wenn das alles gut klappt, kannst du per Stimmkommando (das du vorher bei der Bodenarbeit geübt hast) antraben und nach wenigen langsamen Tritten wieder durchparieren und loben (Leckerli).

Wenn das auch gut klappt, kannst du die Trabreprisen langsam erhöhen aber immer nur solange dein Pferd ruhig und gelassen bleibt. Immer wieder Pausen am hingegebenen Zügel und oben!

7.7.5 Ich muss mein Pferd immer treiben, ich kann nicht ohne Schenkel reiten

Dein Pferd hat sich angewöhnt, auf das Treiben mit den Beinen mit Anspannung der Bauchmuskeln zu reagieren. Es fühlt sich vom Reiter beengt, eingeengt. Hier hilft nur eins: konsequent die Beine nur hängen lassen. Arbeite mit Stimmkommandos und der Gerte und dann natürlich auch wieder mit ausgiebigem Lob und Leckerli.

7.7.6 Mein Pferd hält nur an, wenn ich am Zügel ziehe

Übe das Stimmkommando zum Anhalten ausgiebig innerhalb der Bodenarbeit. Unterstütze das Stimmkommando mit deutlichen Körpersignalen. Erst wenn dein Pferd ganz sicher während der Bodenarbeit auf Stimme reagiert, kannst du es auch beim Reiten probieren.

Während des Reitens kannst du dann folgendermaßen vorgehen: Reite auf den Zaun zu und gib das Stimmkommando, wenn das Pferd sowieso anhalten würden. Dann ausgiebig loben und Leckerli. Wiederhole diese Übung mehrmals. Gib dann das Stimmkommando zum Anhalten schon einige Meter vor der Wand.

Wenn du keine Wand zu Verfügung hast, gehst du so vor: Schritt am hingegebenen Zügel – Stimmkommando »halt« – deutliches, konsequentes Annehmen des Zügels, bis das Pferd steht – Zügel sofort ganz lang lassen, ausgiebig loben und Leckerli.

Das deutliche Annehmen geht am besten so: Die linke Hand hält den Zügel an der Schnalle. Zum Annehmen dann die Hand deutlich hochheben und mit der rechten Hand beide Zügel vorne am Hals greifen und annehmen. Sobald das Pferd steht alles fallen lassen, dass der Zügel sofort wieder ganz lang ist. Die Übung sehr häufig wiederholen.

7.7.7 Mein Pferd ist steif im Rücken

Du solltest einen Tierphysiotherapeuten rufen, der dein Pferd massiert und dir dann Dehnungs- und Bewegungsübungen zeigt, die deinem Pferd helfen, wieder einen beweglichen Rücken zu bekommen. Vorher sollte ein Tierarzt das Pferd untersuchen und ggf. mit dem Tierphysiotherapeuten die Therapie absprechen.
Ist es so, das sich das Pferd nur während des Reitens im Rücken steif macht, muss dein Sattel überprüft werden. Ist der Sattel nicht schuld, solltest du deinen Sitz und deine Einwirkung mit Hilfe der Videoanalyse überprüfen.

7.7.8 Mein Pferd wehrt sich, wenn es sich versammeln soll

Auch hier ist eine Videoanalyse erstes Mittel der Wahl. Die Pferde wehren sich in der Regel dann, wenn die Einwirkung oder die Kommandos des Reiters unverständlich sind oder wenn du von deinem Pferd zu viel verlangst. Also: Videoanalyse und Zielsetzung überprüfen!

7.7.9 Mein Pferd ist nur gierig auf Leckerlis und beachtet mich nicht

Du musst extrem darauf achten, die Reihenfolge einzuhalten:

1. Kommando
2. Lob mit der Stimme
3. Leckerli

Das Leckerli steht immer am Ende! Wenn dein Pferd gierig ist, wehre es mit deinem ausgestreckten Zeigefinger ab und gib ihm das Leckerli von dir weg mit tiefer Handhaltung fast am Boden.
Sei konsequent, gib nie Leckerlis außerhalb eurer Trainingseinheiten und ohne Grund! Das Pferd muss verstehen, dass es sich die Leckerlis verdienen kann.

7.7.10 Mein Pferd lässt mich nicht reiten, sondern wirft mich ab

Wenn du mit deinem Pferd einen neuen Anfang machst und ihr während der Bodenarbeit und Kommunikationsübungen ein gutes Verhältnis aufbaut, wird es dich auch in der Regel gerne reiten lassen.
Ist das nicht so, muss man davon ausgehen, dass das Pferd Schmerzen empfindet, wenn der Reiter aufsitzt. Hier ist dringend geraten, Fachleute (Tierärzte, Tierphysiotherapeuten, Sattler) prüfen zu lassen, was der Grund für die Schmerzen ist.
In sehr seltenen Fällen ist es so, dass ein Pferd durch sehr schlechte Vergangenheitserfahrungen psychologisch so sehr unter Stress und Druck gerät, sobald ein Reiter aufsitzt, dass es einfach nicht anders kann, als sich zu wehren. Das kann jeder Mensch nachempfinden, der selber Ängste hat, die er nicht überwinden kann (ein guter Vergleich ist die Platzangst in engen Räumen).

Für so ein Pferd kann man keine allgemeinen Tipps und Ratschläge geben, sondern man muss ganz individuell und sensibel über einen langen Zeitraum sehr geduldig sehr kleine Ausbildungsschritte absolvieren und darauf achten, dass das Pferd im Zusammensein mit dem Menschen nur gute Erfahrungen macht.

Nachwort

Ich habe dir, mit Unterstützung unseres PHYSIO-RIDING-Teams, in diesem Buch die Fühlerfahrungen und Erkenntnisse beschrieben, die ich in den letzten 15 Jahren gemacht habe. Mir hat es sehr geholfen, Pferde besser zu verstehen und ich hoffe, ich konnte alles so beschreiben, dass auch du diese schönen Erfahrungen machen kannst.

Dieses Buch ist nicht vollständig. Ich bezeichne mich nach wie vor als freie Reitwissenschaftlerin auf einem neuen modernen Weg und ich werde auch in Zukunft weitere neue Ideen ausprobieren und gegebenenfalls zur Nachahmung empfehlen.

Ich würde mich freuen, wenn auch du zu einem Reitwissenschaftler wirst und nicht mehr kritiklos einfach machst, was man dir sagt, sondern auch immer mit deinem Gefühl prüfst, ob es sich gut anfühlt, wie dein Pferd und du gerade zusammen agieren.

Eine erzwungene Lektion ist nichts wert und sieht nicht schön aus. Eine vom Pferd freiwillig geschenkte Lektion ist Kunst und alles wert. Alles kann und muss sich weiter entwickeln, so auch unser Verhältnis zu unseren Tieren.

Ich danke allen Mitwirkenden an diesem Buchprojekt und vor allem meinen Pferden Mogli und Rudi für ihre Geduld und ihre immerwährende positive Einstellung uns Menschen gegenüber.

Sabine Bruns